Python程序设计

(第2版)(微课版)(题库版)

翟萍 主编

王军锋 翟震 郎博 赵丹 李钝 马海英 参编

清华大学出版社
北京

内 容 简 介

本书是针对高等学校非计算机专业编写的 Python 语言基础教程。全书共 11 章，主要内容包括 Python 概述，基本数据类型，选择结构，循环结构，turtle 库，序列、集合、字典和 jieba 库，函数和异常处理，可视化界面设计，文件和数据库，面向对象程序设计和第三方库等。

本书内容丰富、取材合理、叙述简明、重点突出、概念清晰。为了配合读者学习 Python 程序设计，帮助读者全面掌握有关 Python 程序设计的知识，并有效指导读者掌握程序设计的方法和技巧，本书配有《Python 程序设计实验教程》(第 2 版)(微课版)。

本书可作为高等学校 Python 程序设计相关课程的教材，也可作为 Python 爱好者学习的参考书。

版权所有，侵权必究。举报：010-62782989，beiqinquan@tup.tsinghua.edu.cn。

图书在版编目(CIP)数据

Python 程序设计：微课版：题库版/翟萍主编；王军锋等参编. --2 版. --北京：清华大学出版社，2024.8. --ISBN 978-7-302-67045-2

Ⅰ. TP312.8-44

中国国家版本馆 CIP 数据核字第 2024E1C533 号

责任编辑：汪汉友
封面设计：何凤霞
责任校对：李建庄
责任印制：宋　林

出版发行：清华大学出版社
网　　址：https://www.tup.com.cn,https://www.wqxuetang.com
地　　址：北京清华大学学研大厦 A 座　　邮　编：100084
社 总 机：010-83470000　　邮　购：010-62786544
投稿与读者服务：010-62776969, c-service@tup.tsinghua.edu.cn
质量反馈：010-62772015, zhiliang@tup.tsinghua.edu.cn
课件下载：https://www.tup.com.cn,010-83470236

印 装 者：涿州汇美亿浓印刷有限公司
经　　销：全国新华书店
开　　本：185mm×260mm　　印　张：15　　字　数：354 千字
版　　次：2020 年 2 月第 1 版　2024 年 9 月第 2 版　印　次：2024 年 9 月第 1 次印刷
定　　价：44.50 元

产品编号：106262-01

前　　言

当今世界，科技发展日新月异。现代信息技术深刻改变着人类的思维、生产、生活和学习方式，计算机处理能力的快速提升对程序设计的简洁性和高效性提出了新的要求。掌握基本的程序设计方法和程序设计语言，是当今高科技人才必备的基本能力。

Python 语言是一种面向对象、解释运行、扩展性强的程序设计语言，具有语法简洁、类型安全、有大量的标准库和第三方库等优点，从而使其编程效率高、程序功能强，程序的编写简单易行。Python 语言已经广泛应用于计算机科学与技术、科学计算、数据的统计分析、移动终端开发、图形图像处理、人工智能、游戏设计、网站开发等领域。

"Python 程序设计"是为高等学校非计算机专业学生开设的一门计算机公共基础必修课程。本书依据教育部高等学校大学计算机课程教学指导委员会最新发布的《大学计算机课程教学基本要求》中关于程序设计基础课程的相关教学要求编写而成，力求培养学习者的计算思维能力，使其掌握利用计算机分析问题、解决问题的基本技能。

本书以程序设计为主线，重点突出、概念清晰、深入浅出、注重应用。书中涉及的知识点较多、内容丰富，叙述简明扼要、可操作性强，示例有趣、实用。

为了配合读者学习 Python 程序设计，帮助读者全面掌握有关 Python 程序设计的知识，有效指导读者掌握程序设计的方法和技巧，我们还编写了配套的《Python 程序设计实验教程》(第 2 版)(微课版)，针对本书的每章内容都设计了实验，给出了本书的习题解答和 Python 编程练习实例，便于读者在较短时间内掌握 Python 编程技术。本书配有题库系统，读者可扫描每章习题处的二维码进入题库进行练习。

本书共 11 章，第 1 章由郎博编写，第 2 章由赵丹编写，第 3 章由翟萍编写，第 4 章由马海英编写，第 5、7、8、10 章由翟震编写，第 6、9 章由王军锋编写，第 11 章由李钝、翟震编写，附录 A、B、C 由赵丹编写，附录 D、E、F 由翟震编写。翟萍负责全书统编定稿。

由于 Python 语言程序设计涉及的内容非常丰富，加上编者水平有限，书中难免有不尽如人意之处，恳请读者批评指正。

学习资源

编　者

2024 年 8 月

目 录

第 1 章　Python 概述 ················ 1
  1.1　计算机语言概述 ············· 1
  1.2　初识 Python ················ 2
      1.2.1　Python 语言的发展历史 ········ 2
      1.2.2　Python 语言的特点 ········· 3
      1.2.3　Python 语言的应用领域 ········ 3
  1.3　Python 语言的开发环境 ············ 4
      1.3.1　Python 软件的下载与安装 ········ 4
      1.3.2　PyCharm 的下载与安装 ········· 8
      1.3.3　Python 集成开发环境 ········· 8
  1.4　应用实例 ················ 14
  习题 1 ···················· 17

第 2 章　基本数据类型 ·············· 18
  2.1　Python 中的对象 ············· 18
  2.2　变量命名与赋值 ············· 18
      2.2.1　变量命名 ············· 18
      2.2.2　变量赋值 ············· 19
  2.3　数字类型 ················ 20
  2.4　字符串类型 ··············· 21
  2.5　运算符与表达式 ············· 24
      2.5.1　运算符 ·············· 24
      2.5.2　表达式 ·············· 25
  2.6　常用内置函数 ·············· 26
  2.7　print() 输出函数 ············· 27
      2.7.1　print() 输出函数的基本格式 ······ 27
      2.7.2　格式化输出 ············ 28
  2.8　input() 输入函数 ············· 30

  2.9　math 库和 random 模块 ·· 31
    2.9.1　math 库 ·· 31
    2.9.2　random 模块 ·· 32
  2.10　应用实例 ·· 33
  习题 2 ·· 35

第 3 章　选择结构 ·· 37
  3.1　单分支选择结构 ··· 37
  3.2　双分支选择结构 ··· 38
  3.3　多分支选择结构 ··· 39
  3.4　选择结构的嵌套 ··· 41
  3.5　应用实例 ··· 42
  习题 3 ·· 45

第 4 章　循环结构 ·· 47
  4.1　while 循环结构 ·· 47
  4.2　for 循环结构 ·· 50
  4.3　循环控制辅助语句 ··· 52
    4.3.1　break 语句 ··· 52
    4.3.2　continue 语句 ·· 52
  4.4　循环的嵌套 ··· 53
  4.5　应用实例 ··· 54
  习题 4 ·· 58

第 5 章　turtle 库 ··· 60
  5.1　运行环境设置 ··· 60
  5.2　画笔设置 ··· 61
    5.2.1　画笔基本参数 ·· 61
    5.2.2　画笔运动命令 ·· 61
    5.2.3　画笔控制命令 ·· 62
  5.3　应用实例 ··· 62
  习题 5 ·· 67

第 6 章　序列、集合、字典和 jieba 库 ··· 70
  6.1　序列 ··· 70
    6.1.1　序列的通用操作 ·· 71
    6.1.2　列表 ·· 73
    6.1.3　元组 ·· 76
    6.1.4　使用 range() 函数生成序列 ·· 77

6.2 集合 ……………………………………………………………………… 78
6.3 字典 ……………………………………………………………………… 80
  6.3.1 字典的操作 …………………………………………………… 81
  6.3.2 字典和列表比较 ……………………………………………… 82
6.4 jieba 库 …………………………………………………………………… 82
6.5 应用实例 ………………………………………………………………… 84
  6.5.1 词频分析 ……………………………………………………… 84
  6.5.2 加密和解密 …………………………………………………… 85
习题 6 ………………………………………………………………………… 86

第 7 章 函数和异常处理 ……………………………………………………… 91

7.1 函数 ……………………………………………………………………… 91
  7.1.1 函数的定义 …………………………………………………… 92
  7.1.2 函数的调用过程 ……………………………………………… 93
  7.1.3 函数的参数传递 ……………………………………………… 93
  7.1.4 匿名函数 ……………………………………………………… 97
  7.1.5 递归函数 ……………………………………………………… 98
  7.1.6 函数的模块化 ………………………………………………… 99
  7.1.7 map()函数 …………………………………………………… 99
7.2 异常处理 ………………………………………………………………… 100
  7.2.1 try…except 语句 ……………………………………………… 100
  7.2.2 异常处理的嵌套 ……………………………………………… 100
7.3 综合举例 ………………………………………………………………… 102
习题 7 ………………………………………………………………………… 110

第 8 章 可视化界面设计 ……………………………………………………… 113

8.1 tkinter 库简介 …………………………………………………………… 113
  8.1.1 创建主窗口 …………………………………………………… 114
  8.1.2 主窗口的属性 ………………………………………………… 114
  8.1.3 常用控件 ……………………………………………………… 115
  8.1.4 主事件循环 …………………………………………………… 116
8.2 标签控件 ………………………………………………………………… 116
  8.2.1 显示文字 ……………………………………………………… 117
  8.2.2 显示图片 ……………………………………………………… 118
8.3 按钮控件 ………………………………………………………………… 118
8.4 选择控件 ………………………………………………………………… 120
  8.4.1 复选框控件 …………………………………………………… 120
  8.4.2 单选按钮控件 ………………………………………………… 121
  8.4.3 列表框控件 …………………………………………………… 122

· V ·

	8.4.4 滚动条控件	122
	8.4.5 可选项控件	123
	8.4.6 刻度条控件	124
8.5	文本框控件	125
	8.5.1 单行文本框控件	125
	8.5.2 多行文本框控件	126
8.6	菜单控件	127
8.7	对话框控件	129
	8.7.1 messagebox 控件	129
	8.7.2 filedialog 控件	130
	8.7.3 colorchoose 控件	131
8.8	布局与框架	131
	8.8.1 pack 布局管理器	131
	8.8.2 grid 布局管理器	132
	8.8.3 place 布局管理器	133
8.9	事件处理	134
	8.9.1 事件处理程序	134
	8.9.2 事件绑定	136
8.10	综合举例	137
习题 8		142

第 9 章 文件和数据库 … 144

9.1	概述	144
	9.1.1 文件的概念	144
	9.1.2 数据库的概念	145
9.2	文件	146
	9.2.1 文件的打开与关闭	146
	9.2.2 读文件	147
	9.2.3 写文件	148
	9.2.4 文件指针	150
	9.2.5 截断文件	150
9.3	文件和目录操作	151
9.4	连接数据库	153
	9.4.1 Python DB API	153
	9.4.2 Python 连接 SQLite3	155
9.5	应用实例	157
习题 9		158

第 10 章　面向对象程序设计 ··· 161

10.1　基本概念 ··· 162
10.2　类与对象 ··· 164
　　10.2.1　类的定义 ·· 164
　　10.2.2　对象的创建和访问 ·· 165
10.3　属性和方法 ··· 165
　　10.3.1　属性和方法的访问控制 ·· 165
　　10.3.2　类属性和实例属性 ·· 167
　　10.3.3　类的方法 ·· 169
10.4　继承和多态 ··· 172
　　10.4.1　继承 ··· 172
　　10.4.2　多态 ··· 174
习题 10 ··· 175

第 11 章　第三方库 ··· 177

11.1　pygame ··· 177
　　11.1.1　功能介绍 ·· 177
　　11.1.2　导入、初始化、更新显示和退出 ··· 178
　　11.1.3　事件 ··· 181
　　11.1.4　字样 ··· 186
　　11.1.5　图像 ··· 187
　　11.1.6　绘制各种图形 ·· 188
11.2　NumPy ··· 190
　　11.2.1　多维数组 ndarray ··· 190
　　11.2.2　创建数组 ·· 191
　　11.2.3　NumPy 常用数组操作 ··· 194
　　11.2.4　NumPy 常用函数 ··· 195
11.3　PIL ··· 198
　　11.3.1　基本概念 ·· 198
　　11.3.2　PIL 包含的模块 ·· 199
　　11.3.3　简单图像处理示例 ·· 203
11.4　Matplotlib 库 ··· 204
　　11.4.1　pyplot 中的 plot() 函数 ··· 205
　　11.4.2　pyplot 的中文显示方法 ··· 205
　　11.4.3　pyplot 的文本显示 ·· 206
　　11.4.4　pyplot 的自绘图区域 ··· 206
　　11.4.5　figure() 函数 ·· 207
11.5　request ··· 208

         11.5.1 概述 …………………………………………………………………… 208
         11.5.2 requests 库解析 ………………………………………………………… 209
    11.6 应用实例 ……………………………………………………………………… 210
    习题 11 …………………………………………………………………………… 215

附录 A　Python 关键字详解 ………………………………………………………… 217

附录 B　Python 运算符 ……………………………………………………………… 219

附录 C　Python 内置函数 …………………………………………………………… 221

附录 D　常用 Unicode 编码表 ……………………………………………………… 224

附录 E　常用 RGB 色彩对应表 ……………………………………………………… 225

附录 F　Python 部分第三方扩展库 ………………………………………………… 226

第 1 章　Python 概述

　　程序设计是为解决特定问题而编写程序的过程,是软件构造活动的重要组成部分。程序设计往往基于某种程序设计语言编写程序。

1.1　计算机语言概述

　　计算机语言是指用于人与计算机进行通信的语言,是人与计算机之间传递信息的媒介,是用于定义计算机程序的形式语言。计算机语言是一种标准化的交流技巧,用于向计算机发出指令。

　　计算机语言又称编程语言,种类非常多,可以分为低级语言和高级语言,其中低级语言又分为机器语言、汇编语言等。

1. 机器语言

　　机器语言是用二进制代码表示的计算机能直接识别和执行的一种机器指令的集合。它是计算机的设计者通过计算机的硬件结构赋予计算机的操作功能。机器语言具有灵活、直接执行和速度快等优点。机器语言的一个语句就是一条指令,是一组有意义的二进制代码。一般情况下,指令包括操作码字段和地址码字段两部分。其中,操作码指明了指令的操作性质及功能,地址码则给出了操作数或操作数的地址。

2. 汇编语言

　　在汇编语言中,用助记符代替机器指令的操作码,用地址符号或标号代替指令或操作数的地址。设备不同,汇编语言对应的机器语言指令集也不同,通过汇编过程转换成机器指令。一般情况下,特定的汇编语言和特定的机器语言指令集是一一对应的,不同平台之间不可直接移植。

　　汇编语言不像其他大多数程序设计语言一样被广泛用于程序设计。在实际应用中,它通常被应用在底层硬件操作和高要求的程序优化场景,驱动程序、嵌入式操作系统和实时运行程序都需要使用汇编语言。

3. 高级语言

　　高级语言是高度封装的编程语言,与低级语言相对应。高级语言是以人类的自然语言为基础的编程语言,使用人类易于理解的文字(如汉字、简化的英文单词等)进行表示,从而使程序更易编写,更具有可读性。

高级语言并不特指某种具体的语言,而是包括很多种编程语言,如 Java、C、C++、C♯、Pascal、Python、LISP、FORTRAN、FoxPro 等,这些语言的语法、命令格式等都不相同。

计算机不能直接识别和执行用高级语言编写的源程序,源程序输入计算机后,通过"翻译程序"翻译成机器语言描述的目标程序,才能被计算机识别和执行。这种"翻译"通常有两种方式:编译方式和解释方式。在编译方式下,源程序的执行分两步:编译和运行,即先通过一个存放在计算机内称为编译程序的机器语言程序,把源程序全部翻译成用机器语言描述的目标程序,计算机再运行此目标程序中的代码,以完成源程序要处理的运算并取得结果。在解释方式下,源程序输入计算机后,解释程序将对源程序进行逐句翻译,翻译一句执行一句,不产生目标程序。每一种高级语言都有各自人为规定的专用符号、英文单词、语法规则、语句结构和书写格式。高级语言与自然语言更接近,便于广大用户掌握和使用。高级语言具有通用性强,兼容性好,便于移植的优点。

1.2 初识 Python

Python 是面向对象的、解释型的计算机高级程序设计语言,也是一种功能强大的通用型语言。Python 常被当作脚本语言来处理系统管理任务和编写网络程序,支持命令式程序设计、面向对象程序设计、函数式编程、泛型编程等多种编程模式,非常适合完成各种高级任务。

1.2.1 Python 语言的发展历史

1989 年年底,荷兰国家数学与计算机科学研究中心(CWI)的研究员吉多·范罗苏姆(Guido van Rossum)需要一种高级脚本编程语言为其研究小组的 Amoeba 分布式操作系统执行管理任务。吉多从高级教学语言 ABC(All Basic Code)中汲取大量语法,借鉴 Modula-3 语言,沿用 UNIX Shell 和 C 语言的习惯,开发了一种新的语言。吉多把这种新的语言命名为 Python,该名源自英国电视剧《飞翔的马戏团》(*Monty Python's Flying Circus*)。

Python 语言的第一个版本于 1991 年公开发行。2004 年以后,Python 的使用率呈线性增长。Python 2 于 2000 年 10 月 16 日发布,稳定版本是 Python 2.7。Python 3 于 2008 年 12 月 3 日发布,不完全兼容 Python 2。2008 年,Python 3.x 系列的第一个主版本 Python 3.0 发布。目前,Python 3.x 系列是 Python 语言持续维护的主要系列,该系列版本在语法层面和解释器内部做了很多重大改进,解释器内部采用完全面向对象的方式实现。对于初次接触 Python 语言的读者,建议学习 Python 3.x 系列版本。

现在,Python 由 Python 软件基金会(Python Software Foundation,PSF)主导开发和管理。PSF 是一个非营利的国际组织,网址是 https://www.python.org。

经过多年的发展,Python 已经成为最受欢迎的程序设计语言之一。

1.2.2　Python 语言的特点

Python 语言具有如下优势。

（1）Python 语言简洁、紧凑，压缩了一切不必要的语言成分。

（2）Python 语言强制程序缩进，使程序具有很好的可读性，也有利于程序员养成良好的程序设计习惯。

（3）Python 是自由/开源软件（Free/Libre and Open Source Software，FLOSS）之一。使用者可以自由地发布这个软件的副本、阅读其源代码，也可以对其进行改动，将其中的一部分用于新的自由软件中。

（4）Python 是跨平台语言，可移植到多种操作系统，只要避免使用依赖特定操作系统的特性，不需要修改就可以在各种平台上运行。

（5）Python 既可以支持面向过程的编程，也可以支持面向对象的编程。

（6）Python 的库非常丰富，除了标准库以外，还有许多高质量的第三方库，这些库几乎都是开源的。

（7）Python 拥有一个积极、健康且能够提供强力支持的社区。该社区由一群热爱Python 的人组成。

1.2.3　Python 语言的应用领域

Python 是一种优秀的程序设计语言，被广泛应用于各个领域，常用的应用领域如下。

1. 系统编程

Python 提供应用程序编程接口（Application Programming Interface，API），能够进行系统的维护和开发。Python 程序可以访问系统目录和文件，可以运行其他程序，也可以对程序进程和线程进行并行处理等。

2. GUI 编程

使用 Python 可以简单、快捷地实现 GUI（Graphical User Interface，图形用户界面）程序。Python 内置了 tkinter 的标准面向对象接口 TK GUI API。应用 TK GUI API 实现的 Python GUI 程序，不需要做任何改变就可以运行在 Windows、X Window（UNIX 和 Linux）和 macOS 等多种操作系统上。

3. 数据库编程

Python 语言支持目前主流的数据库系统，包括 Microsoft SQL Server、Oracle、Sybase、DB2、MySQL、SQLite 等。Python 还自带一个 Gadfly 模块，提供了一个完整的 SQL（Structured Query Language）环境。

4. Internet 支持

Python 提供了标准 Internet 模块，可用于实现各种网络任务。Python 脚本可以通过套接字（Socket）进行网络通信；可编写服务器 CGI（Common Gateway Interface）脚本处理客户端表单信息；可以通过 FTP（File Transfer Protocol）传输文件；可以生成、解析和分析 XML 文件；可以处理 E-mail；可以通过 URL 获取网页；可以从网页中解析

HTML 和 XML;可以通过 XML-PRC、SOAP 和 Telnet 通信。Python 也可用第三方工具进行 Web 应用开发。

5. 游戏、图像、人工智能、机器人等其他领域

(1) 使用 Pygame 扩展包进行图形和游戏应用开发。

(2) 使用 Pyserial 扩展包在 Windows、Linux 或其他操作系统上开发串口通信应用。

(3) 使用 PIL、PyOpenGL、Blender、Maya 和其他扩展包开发图形或 3D 应用。

(4) 使用 PyRo 扩展包开发机器人控制程序。

(5) 使用 PyBrain 扩展包开发人工智能应用。

(6) 使用 NLTK 扩展包开发自然语言分析应用。

1.3　Python 语言的开发环境

　　Python 程序的运行需要相应开发环境的支持。Python 内置的命令解释器(即 Python Shell)提供了 Python 的开发环境,能方便地进行交互式操作,输入一行语句就可以立刻执行该语句并得到运行结果。此外,还可以利用第三方的 Python 集成开发环境 (Integrated Development Environment,IDE)进行 Python 程序开发。Python 支持多平台,各个平台的安装和配置大致相同。

1.3.1　Python 软件的下载与安装

1. 下载 Python

在浏览器地址栏输入"https://www.python.org/downloads/",进入 Python 官方网站的下载页面,如图 1-1 所示。

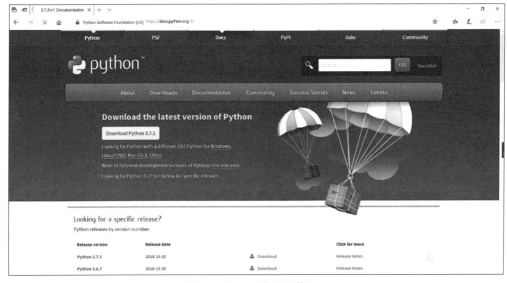

图 1-1　Python 官网下载页面

选中 Download|Windows 选项，如图 1-2 所示。

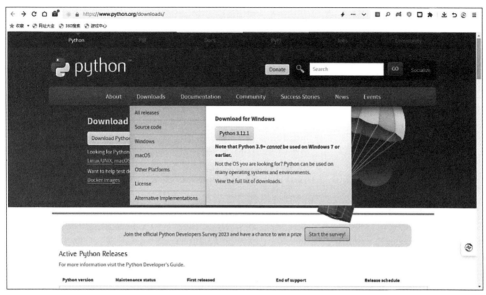

图 1-2　Python 官网下选择 Windows 版本

在网页中选择具体的 Python 版本，如图 1-3 所示。本书基于 Windows 10 和 Python 3.7.2 构建 Python 开发平台，故此处选择 Windows x86-64 executable installer，即一个 64 位的可执行安装文件，单击相应超链接下载即可。

图 1-3　选择具体的 Python 版本

2. 安装 Python

Python 的安装过程与其他 Windows 应用的安装过程类似。
双击安装文件 python-3.7.2-amd64.exe，进入 Python 程序安装界面，如图 1-4 所示。

在该界面中,选中 Add Python 3.7 to PATH 复选项,对相关的环境变量进行自动配置。单击 Install Now 按钮,从系统默认路径开始安装;也可以单击 Customize installation 进入自定义安装,如图 1-5 所示。

图 1-4 Python 系统安装界面

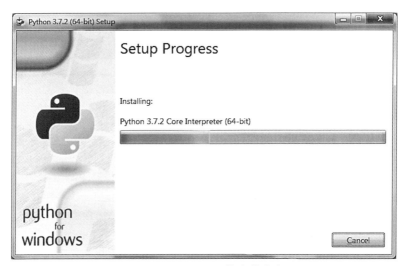

图 1-5 显示 Python 的安装进度

等待进度条加载完毕,显示安装成功,如图 1-6 所示,单击 Close 按钮,关闭安装向导界面。

在命令提示符窗口(即 DOS 操作界面)运行语句"python--version",显示出 Python 对应的版本,表示安装成功,如图 1-7 所示。

在命令提示符窗口运行语句"pip install pillow",安装 Python 的第三方 Pillow 库,如图 1-8 所示。

通过 pip 安装 Pillow 库的过程如图 1-9 所示,安装成功会提示安装库名为 pillow-6.0.0。Pillow 库可以完成对图片的裁剪、加水印等图像处理相关的操作。

图 1-6　Python 安装成功界面

图 1-7　显示安装 Python 版本

图 1-8　安装第三方 Pillow 库

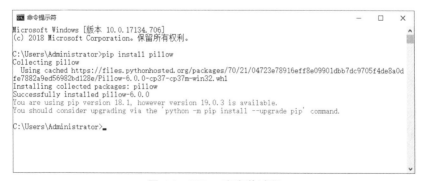

图 1-9　Pillow 库安装过程

本书使用的第三方库有 jieba、pygame、NumPy(Numerical Python)、PIL(Python Image Library)、Matplotlib、requests、bs4 等。

1.3.2　PyCharm 的下载与安装

PyCharm 是 JetBrains 打造的一款 Python IDE(Integrated Development Environment，集成开发环境)，是一个在使用 Python 语言开发时提高其效率的工具，例如调试、语法高亮、项目管理、代码跳转、智能提示、自动完成、单元测试、版本控制。此外，该 IDE 提供了一些高级功能，以用于支持 Django 框架下的专业的 Web 开发。

PyCharm 分为专业版(PyCharm Professional Edition)以及社区版(PyCharm Community Edition)。社区版提供给开发者免费使用，功能虽然不够全面，但能够满足日常开发需要；专业版需要付费购买激活码才可使用，功能全面，适用于公司进行专业 Web 开发。

进入 PyCharm 下载官网地址 https://www.jetbrains.com/pycharm/，选择最新版本下载；还可以进入 https://www.jetbrains.com/pycharm/download/other.html 指定不同版本下载，如图 1-10 所示。本书下载 pycharm-community-2022.1.4.exe 版本，安装向导界面如图 1-11 所示。

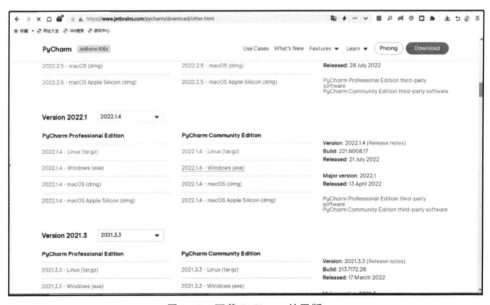

图 1-10　下载 PyCharm 社区版

桌面出现 PyCharm 图标，安装完成。

1.3.3　Python 集成开发环境

Python 3.7.2 安装包将在系统中安装一批与 Python 开发和运行相关的程序，其中最重要的是 Python 命令行和 Python 集成开发环境(Python's Integrated Development

图 1-11　PyCharm Community Edition 安装向导界面

Environment，IDLE)。相对于 Python 解释器命令行，IDLE 提供图形开发用户界面，可以提高 Python 程序的编写效率。

1. 命令行形式的 Python 解释器

Python 默认安装路径为本地应用程序文件夹下的 Python 目录(例如 C:\Users\Administrator\AppData\Local\Programs\Python\Python37)，该目录下包括 Python 解释器 Python.exe、Python 库目录和其他文件。可以使用命令行界面，在 Windows 菜单中选中"开始"|Python 3.7|Python 3.7(64-bit)选项，打开 Python 解释器交互窗口，如图 1-12

所示。

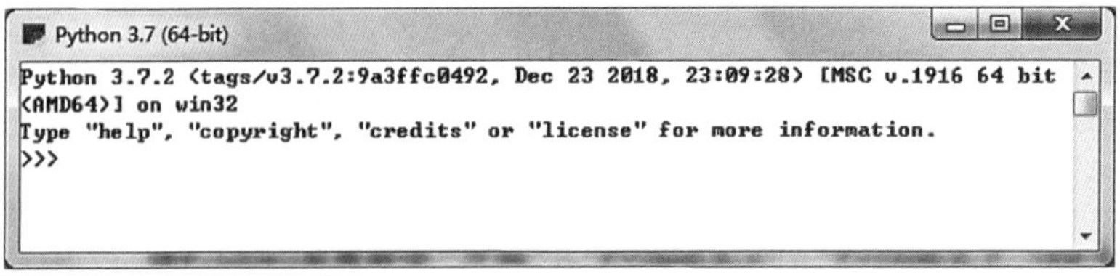

图1-12 命令行形式的Python解释器窗口

Python解释器的提示符为">>>"，在提示符后输入语句，Python解释器将解释执行，并输出结果。还可以在Windows命令提示符窗口直接运行Python.exe，启动命令行Python解释器，如图1-13所示。Windows系统的环境变量Path包含Python安装路径，因此在运行Python.exe时，Windows系统会自动寻找到Python.exe文件。

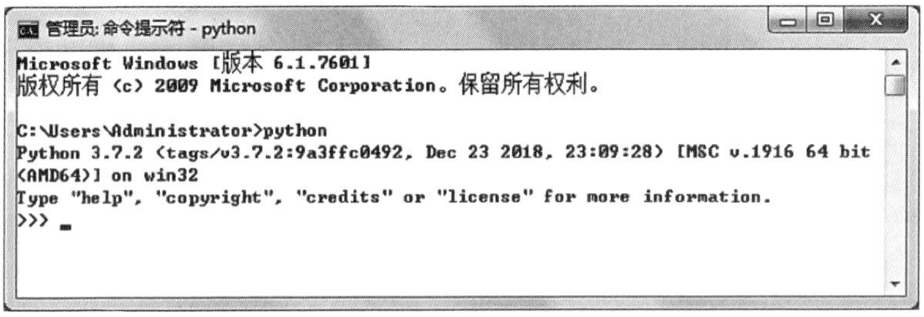

图1-13 在Windows命令提示符下启动命令行Python解释器

在提示符">>>"后输入quit()或exit()，或单击Python命令行窗口的"关闭"按钮，退出Python解释器。

2. 运行Python文本编辑器IDLE

1）打开IDLE

运行Python内置集成开发环境IDLE。选择"开始"|Python 3.7|IDLE(Python 3.7 64-bit)选项，打开Python内置集成开发环境IDLE窗口，如图1-14所示。

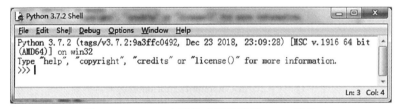

图1-14 Python内置集成开发环境IDLE窗口

2）新建Python脚本

在IDLE窗口选中File|New File(或按Ctrl+N组合键)，新建一个程序文件，输入print("ABC")，在菜单中选中File|Save As…(或按Ctrl+Shift+S组合键)，保存Python脚本，弹出保存文件对话框，输入保存的文件名，扩展名为".py"，如图1-15所示。

3）语法高亮

IDLE支持Python的语法高亮，能够以彩色标识出Python语言的关键字，告诉开发

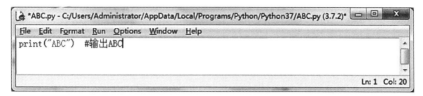

图 1-15 "ABC.py"脚本窗口

人员各个词的特殊作用。例如在图 1-15 中,print 显示为紫色,字符串显示为绿色,注释显示为红色。

Python 支持两种形式的注释。
- ♯注释:♯标记单行注释,注释可以从任意的位置开始,到本行末尾结束,也可以独立成行。对于多行注释,需要使用多个"♯"开头的多行注释,如图 1-15 所示。
- 三引号注释:以 3 个单引号'''标记注释的开始,3 个单引号'''标记注释的结束,可以占据一行,也可以跨越多行,颜色为绿色,如图 1-16 所示。

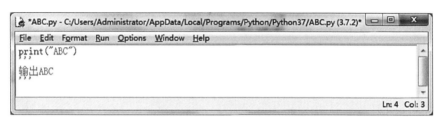

图 1-16 段注释语句窗口

语法高亮的效果,上机时注意学习体会。

4)语法提示

IDLE 可以显示语法提示,帮助程序员完成输入。例如输入"print(",IDLE 弹出一个语法提示框,显示 print()函数的语法,如图 1-17 所示。

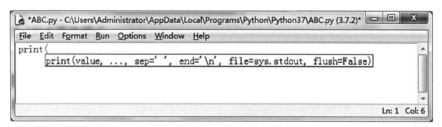

图 1-17 IDLE 语法提示

5)自动完成

在输入 Python 关键字(常量名或函数名等)时,选中 Edit|Show completions(或按 Ctrl+Space 组合键),弹出提示框。例如输入 print,选中 Edit|Show completions(显示自动完成列表),提示框如图 1-18 所示。

6)运行 Python 程序

在菜单中选中 Run|Run Module 选项(或按 F5 键),在 IDLE 运行"ABC.py"程序,如图 1-19 所示。

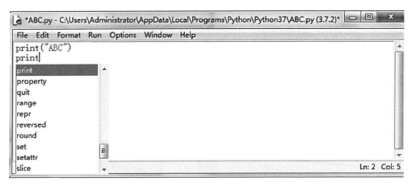

图 1-18 自动完成提示框

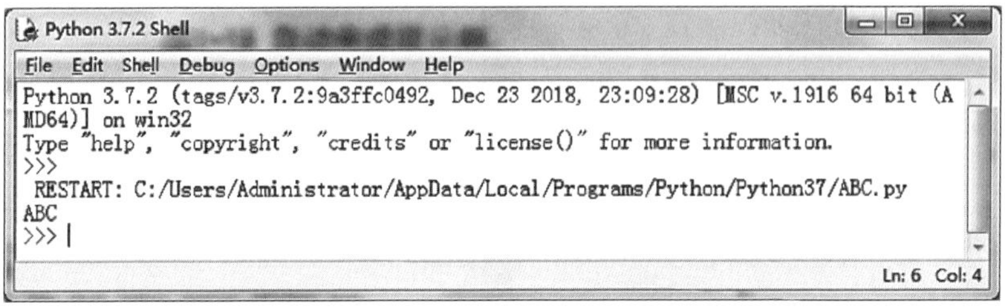

图 1-19 运行"ABC.py"结果界面

7) 关闭 IDLE

选中 File|Exit 选项,或按 Ctrl+Q 组合键,或输入 quit()或 exit()命令,或单击 IDLE 窗口的"关闭"按钮,退出 Python 解释器。

3. Python 程序的运行方式

Python 程序有交互式和文件式两种运行方式。交互式是指 Python 解释器即时响应输入的每条代码,给出输出结果。文件式也称批量式,是指将 Python 程序写在一个或多个文件中,然后启动 Python 解释器批量执行文件中的代码。

1) 交互式

交互式一般用于调试少量代码。

交互式有以下两种运行方法。

方法 1:启动 Windows 操作系统下的命令提示符窗口,输入 Python 代码并按 Enter 键。在命令提示符>>>后输入程序代码 print("Hello Python"),按 Enter 键后显示输出结果"Hello Python",如图 1-20 所示。

图 1-20 命令行启动交互式 Python 运行界面

方法2：通过IDLE启动Python运行环境，输入程序代码"print("Hello Python")"并按Enter键，输出结果如图1-21所示。

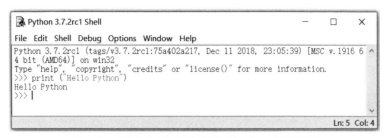

图1-21　通过IDLE启动交互式Python运行界面

2）文件式

文件式常用于编写程序时。

文件式也有以下两种运行方法。

方法1：进入IDLE编程模式，新建一个窗口，输入程序代码"print("Hello Python")"，保存为D:\hello.py文件。运行该文件，在IDLE启动的初始窗口中显示结果，如图1-22所示。

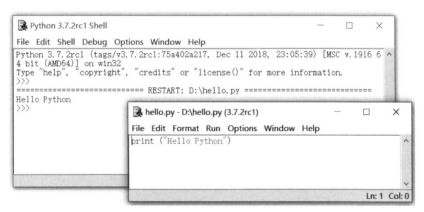

图1-22　通过IDLE编写并运行Python程序文件

方法2：打开Windows的命令提示符窗口，进入hello.py文件所在目录，运行该文件，如图1-23所示。

图1-23　通过命令提示符窗口运行Python程序文件

1.4 应用实例

【例1-1】 编写简单输出程序。

编写程序,输出"你好 郑州大学!"。

程序代码如下:

```
print('你好','郑州大学!')
```

程序运行结果如下:

```
你好 郑州大学!
```

print()函数可以输出多个数据,数据之间用",""隔开,依次输出每个数据,遇到","会转换为一个空格。

【例1-2】 编写算术表达式求值程序。

编写程序,输出两个整数加、减、乘、除、整除运算后的结果。

程序代码如下:

```
print("10+20=",10+20)
print("10-20=",10-20)
print("10*20=",10*20)
print("10/20=",10/20)
print("10//20=",10//20)
```

运行结果如下:

```
10+20=30
10-20=-10
10*20=200
10/20=0.5
10//20=0
```

算术运算符中,"+"是加法运算符,"-"是减法运算符,"*"是乘法运算符,"/"是除法运算符,"//"是整除运算符。其中,被除数和除数均为整数时,整除的结果只保留整数。例如,10//20结果为0,而不能四舍五入为1。

【例1-3】 编写温度转换程序。

编写一个将华氏温度(F)转换为摄氏温度(C)的程序,转换公式为$C=(F-32)/1.8$。

程序代码如下:

```
#TempConvert.py
Temperature=eval(input("输入华氏温度:"))
celsius=(Temperature-32)/1.8
print("对应摄氏温度:",celsius)
```

运行结果如下：

输入华氏温度：123
对应摄氏温度：50.55555555555556

变量取名尽量做到见名知义,这样容易分辨出变量的作用。将华氏温度存放在变量 Temperature 中,摄氏温度存放在变量 celsius 中。

使用变量前必须对其赋值,"="是赋值运算符,作用将运算符右边表达式的值赋给运算符左边的变量。

【例 1-4】 使用 Python 绘制蟒蛇图形。

使用 Python 绘制蟒蛇图形,程序代码如下：

```
#DrawPython.py
import turtle
turtle.setup(650,350,200,200)    #turtle.setup(width,height,startx,starty)
turtle.penup()                    #抬起画笔
turtle.fd(-250)                   #前进-250
turtle.pendown()                  #落下画笔
turtle.pensize(25)                #画笔尺寸变为 25
turtle.pencolor("red")            #画笔颜色变为红色
turtle.seth(-40)                  #方向设置为绝对-40°
for i in range(4):                #循环 4 次
    turtle.circle(40,80)          #设置半径为 40,弧度为 80°的圆弧
    turtle.circle(-40,80)         #设置半径为 40,弧度为 80°的圆弧
turtle.circle(40,80/2)
turtle.fd(40)                     #前进 40
turtle.circle(16,180)
turtle.fd(40 * 2/3)
```

蟒蛇图形绘制效果如图 1-24 所示。

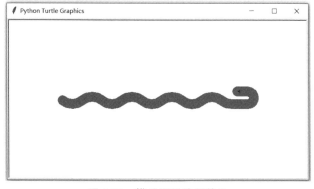

图 1-24　蟒蛇图形绘制效果

（1）使用 turtle 库绘制图形。turtle 库是 Python 内置的图形化模块,属于标准库之一,位于 Python 安装目录的 lib 文件夹下。

turtle 库的常用函数有以下几种。

① 画笔控制函数。penup( )用于控制抬起画笔,pendown( )用于控制落下画笔,pensize(width)用于控制画笔宽度,pencolor(color)用于控制画笔颜色。

② 运动控制函数。forward(*d*)/fd(*d*)用于直行 *d* 个像素,circle(*r*,extent=None)用于绘制半径为 *r*,角度为 extent 的弧形,画笔默认在圆心左侧距离 *r* 的位置。

③ 方向控制函数。setheading(angle)/seth(angle)用于改变前进方向,left(angle)用于左转,right(angle)用于右转。

(2) 使用 import 引用函数库的两种方式。

① 方式 1:

```
import <库名>
<库名>.<函数名>(<函数参数>)
```

② 方式 2:可以使用 from 和 import 保留字共同完成。

```
from <库名> import <函数名>
```

或

```
from <库名> import *
<函数名>(<函数参数>)
```

下面采用第二种函数库引用方式,将 DrawPython.py 程序修改为 DrawPython2.py,程序代码如下:

```
#DrawPython2.py
from turtle import *              #引入一个绘图库
setup(650,350,200,200)
penup()
fd(-250)
pendown()
pensize(25)
pencolor("green")
seth(-40)
for i in range(4):
    circle(40,80)
    circle(-40,80)
circle(40,80/2)
fd(40)
circle(16,180)
fd(40 * 2/3)
```

习题 1

扫码答题

一、简答题

1. 简述 Python 的主要特点。
2. 简述 Python 语言的应用领域。
3. 简述下载和安装 Python 软件的主要步骤。
4. 简述 Python 2.x 与 Python 3.x 版本之间的区别。
5. 如何打开 Python 的帮助系统?

二、选择题

1. Python 语言属于(　　)。
   A. 机器语言　　　B. 汇编语言　　　C. 高级语言　　　D. 科学计算语言
2. 下列各项中,不属于 Python 特性的是(　　)。
   A. 简单易学　　　　　　　　　　　B. 开源的、免费的
   C. 属于低级语言　　　　　　　　　D. 高可移植性
3. Python 的默认脚本文件的扩展名为(　　)。
   A. .python　　　B. .py　　　C. .p　　　D. .pyth
4. 以下叙述中,正确的是(　　)。
   A. Python 3.x 与 Python 2.x 兼容
   B. Python 语句只能以程序方式执行
   C. Python 是解释型语言
   D. Python 语言出现得晚,具有其他高级语言的一切优点
5. 执行下列语句后,显示结果是(　　)。

```
word="world"
print("hello"+ word)
```

   A. helloworld　　　　　　　　　　B. "hello"world
   C. hello world　　　　　　　　　　D. 语法错误,窗口关闭

三、填空题

1. Python 安装扩展库的常用工具是_____。
2. Python 程序文件的扩展名是_____。
3. 在 IDLE 交互模式中浏览上一条语句的组合键是_____。
4. 显示 Python 对应版本的指令是_____。
5. Python 是一种面向_____的高级语言。

四、编程题

1. 编写程序,将整数 10 转换为十六进制数输出。
2. 编写程序,将字符串"abcd"中的所有字符以 ASCII 码形式(十进制数)输出。

第 2 章 基本数据类型

2.1 Python 中的对象

对象是 Python 语言中最基本的概念之一，Python 中的对象包括整数对象、小数对象、字符串对象、函数对象、模块对象等。表 2-1 列出了部分常见的 Python 对象类型及示例。

表 2-1 部分常见的 Python 对象类型及示例

对象类型	示　　例	对象类型	示　　例
整型	123、456	集合	{10,20,30,40,50}
浮点型	3.14159、0.123	字典	{'name':'Sue','age':19}
布尔型	True、False	空类型	None
复数型	3+5j、2+8J	文件	f=open('file1.txt','r')
字符串	'zzu'、"Python"	函数	使用 def 定义
列表	[10,20,30,40,50]	模块	使用前用 import 导入
元组	(10,20,30,40,50)	类	使用 class 定义

2.2 变量命名与赋值

2.2.1 变量命名

对 Python 而言，变量存储的只是一个变量的值所在的内存地址，而不是这个变量本身的值。在内存中，每个变量包括该变量的唯一标识 id、变量的名称和数值等信息，它们之间的关系如图 2-1 所示。

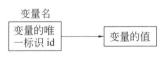

图 2-1 变量示意图

在 Python 语言中，变量名、函数名、模块名、类名等都是标识符，其命名规则如下。

（1）标识符由大小写英文字母、数字和下画线组成，且第一个字符必须是字母或下画线，不能是数字。

（2）Python 标识符是区分字母大小写的，例如 name 与 Name 是两个不相同的变量，标识符的长度不限。

（3）具有特殊功能的标识符称为关键字。不能使用诸如 False 和 and 等关键字作为标识符。

例如，_if、a_1、area、name_book 是合法标识符；3_class、room♯、else、and、money $ 是非法标识符。

2.2.2 变量赋值

为了避免浪费有限的内存容量，故设置了数据类型来规范变量占用存储空间的大小。Python 属于动态数据类型语言，编译时不会事先进行数据类型检查，而是在赋值时根据变量值的类型决定变量的数据类型，因此不需要声明数据类型。变量值使用赋值符号"="赋值，其与数学公式中的等号"="含义是不同的。

变量声明的语法如下：

```
变量名=变量值
```

例如：

```
>>>mark=90.5              #变量 mark 的值是浮点数 90.5
>>>name="张三"            #变量 name 的值是字符串"张三"
>>>age=18                 #变量 age 的值是整数 18
```

变量在第一次赋值时被创建，再次出现时直接使用。例如：

```
>>>number=80
>>>print(number+20)       #输出 100
```

即使变量名相同，变量的标识也不同。例如：

```
>>>r=1.5                  #变量赋值,定义一个变量 r
>>>print(id(r))           #打印变量 r 的标识
>>>r=2.6                  #变量再次赋值,重新定义一个新变量 r
>>>print(id(r))           #打印新变量 r 的标识
```

同一个变量可以赋予不同类型的值。例如：

```
>>>x=123
>>>x="zhengzhou"          #变量 x 会自动转换类型
>>>print(x)               #输出字符串 zhengzhou
```

Python 可以为多个变量赋值。例如：

```
x,y,z=1,2.5,"123"      #把 1、2.5、"123"分别赋给变量 x、y、z
a=b=c=1                #把 1 赋给 a、b、c 三个变量
```

2.3 数字类型

Python 内建的基本数据类型分为数字类型和字符串类型，其中数字类型包括整型、浮点型、布尔型和复数型。接下来通过逐一介绍 Python 的数字常量，了解 Python 的基本数字类型的用法。

1. 整型

整型是指不带小数点的数字。Python 可以使用并支持任意大小的整型数，没有位数的限制，只要硬件支持，无论多大的整数都可以处理，因此 Python 数值处理能力非常强大。

整数分为正整数或负整数，一般的整数常量用十进制（decimal）表示，Python 还允许将整数常量表示为二进制（binary）、八进制（octal）和十六进制（hexadecimal），分别在数字前面加上 0b（或 0B）、0o（或 0O）、0x（或 0X）前缀来指定进位制即可。不同进制只是整数的不同书写形式，程序运行时都会将其转换为十进制进行处理。表 2-2 是不同类型整数的举例说明。

表 2-2　不同类型整数的举例说明

整数类型形式	合法整型常量举例	非法整型常量举例
十进制	123、－200	23.5、－34.0
二进制	0b11111、0B10001	12101、1111.001
八进制	0o1264、0O73410	3421、0O9812
十六进制	0x1BA5、0X23FF	D321、0xG23A

2. 浮点型

浮点型用于表示浮点数。带有小数点的数值都会被视为浮点数，除了一般的小数点表示形式外，也可以使用科学计数法来表示。Python 中的科学计数法表示如下：＜实数＞E 或者 e＜±整数＞，其中，E 或者 e 表示以 10 为底，后面的整数表示指数，"＋"号表示小数点向右移，"－"号表示小数点向左移，"＋"号还可以省略。每个浮点数占 8 字节（64 位），遵循 IEEE 754 双精度标准。表 2-3 是浮点数两种形式的举例说明。

表 2-3　浮点数两种形式的举例说明

浮点数类型形式	合法浮点型常量举例	非法浮点型常量举例
小数形式	123.123、－20.、－0.12345	567、－80、1
指数形式	3e－6、2.56E5、－12.34e50	E9、3.6e、12.－e5、7.34E－0.5

3. 布尔型

布尔型是 int 类型的子类，只有 True 与 False（第一个字母必须大写）两个值，分别用于表示逻辑真和逻辑假。用于计算时，布尔值也可以当成数值来运算，True 对应整数 1，

False 对应整数 0。例如,number=3－False,number 的值为整数 3。任何值都可以被转换成布尔值,对象判断中,数字 0、空字符串("")、None、空的 List([])、空的 Tuple(())、空的 Dict({})都会被视为 False,其他非空对象值都会被视为 True。

4. 复数型

Python 中的复数型是一般计算机语言所没有的数据类型,用于表示数学中的复数。复数常量表示为"实部＋虚部"的形式,虚部以 j 或 J 结尾,实部和虚部都是浮点型,而且必须有表示虚部的浮点数和 j(或 J),即使虚部的浮点数是 1,也不能省略。

例如,合法的复数有 2+4j、－1.2－5.2J、3.7+2e－8j、－1J、.123J、8e－11J、(5.9－3e－12j);非法的复数有 0.0、(2+8)j、(－2+6)、3.2 5e－5j、6.3+j。

复数的示例代码如下:

```
>>>x=3+5j
>>>print(x.real)        #输出复数的实部
3.0
>>>type(x.real)         #查看实部的数据类型
<class'float'>
>>>print(x.imag)        #输出复数的虚部
5.0
>>>type(x.imag)         #查看虚部的数据类型
<class'float'>
```

5. 数字类型转换

不同类型的数字之间需要借助一些函数进行转换,这些函数的函数名即数据类型的名称。常见的数字类型转换函数示例代码如下:

```
>>>x=1.34
>>>int(x)               #int 函数将浮点数转换为整数
1
>>>y=100
>>>float(y)             #float 函数将整数转换为浮点数
100.0
>>>complex(5.7)         #complex 函数创建一个复数
(5.7+0j)
```

2.4　字符串类型

字符串是由一系列的字符组成的,最基本的表示方式是使用一对单引号(' ')、双引号(" ")、三单引号(''' ''')或三双引号(""" """)表示字符串常量,并且单引号、双引号、三单引号、三双引号还可以互相嵌套,用来表示复杂的字符串。例如:

```
'0123456789'
'abcdefg'
"郑州大学"
```

```
"123+456"
"Let's go to school"
'''Jack says:"Let's go to school" '''
```

''、" "、""" 都可以表示空字符串。

字符串可以使用"＋"运算符进行连接以生成新字符串,或者用"＊"运算符进行重复。例如:

```
>>>print('Aa'+'Bb'+'Cc')
AaBbCc
>>>print('Abc'*5)
AbcAbcAbcAbcAbc
```

字符串中有一些特殊字符无法由键盘输入或该字符已经被定义为其他用途,要使用这些字符就必须使用转义特殊字符"\"。

常用的转义字符如表 2-4 所示。

表 2-4 常用的转义字符

转义字符	含　　义	转义字符	含　　义
\\	一个反斜杠	\r	回车
\'	单引号	\t	制表符键
\"	双引号	\ddd	3 位八进制数对应的字符
\b	退格键	\xhh	2 位十六进制数对应的字符
\n	换行符	\uxxxx	4 位十六进制数对应的 Unicode 字符

说明:

(1) " ' "内的字符串里面又有" ' "时,必须使用转义字符。例如:

```
str='They\'re students.'
```

(2) 如果不需要"\"发生转义,可以在字符串前面添加 r 或 R 表示原始字符串,但字符串的最后一个字符不能是"\"。例如:

```
>>>print(r"d:\computer\nlp")
d:\computer\nlp
```

(3) "\"可以作为续行符,表示下一行是上一行的延续。例如:

```
>>>print("This is a Python \
Program.")
This is a Python Program.
```

Python 还提供了一些非常实用的字符串方法,如表 2-5 所示。

表 2-5 常用的字符串方法

类 型	字符串方法格式	功 能	应 用 示 例	结 果
大写、小写字母转换	String.upper()	将字符串中字母转换为大写	"aBc".upper()	'ABC'
	String.lower()	将字符串中字母转换为小写	"aBc".lower()	'abc'
	String.capitalize()	将字符串首字母转换为大写,其余均小写	"toM".capitalize()	'Tom'
	String.title()	将字符串中每一个单词的第一个字母大写,其余字母小写	"I like ZZU".title()	'I Like Zzu'
	String.swapcase()	将字符串中大、小写字母互换	"zzU".swapcase()	'ZZu'
连接	str.join(String)	用指定子串连接字符串中的各元素	"---".join("zzu")	'z---z---u'
分割	String.split(str)	按指定字符分割字符串为列表,默认按空格分割	"I like zzu".split()	['I', 'like', 'zzu']
字符串搜索	String.count(str)	搜索特定字符串出现的次数	"zzu".count("z")	2
	String.find(str)	返回查找的子字符串在原字符串中第一次出现的位置,没有找到时返回-1	"zzuzzu".find("u") "zzuzzu".find("v")	2 -1
	String.rfind(str)	返回查找的子字符串在原字符串中最后一次出现的位置,没有找到时返回-1	"zzuzzu".rfind("u") "zzuzzu".rfind("v")	5 -1
	String.index(str)	返回查找的子字符串在原字符串中第一次出现的位置,没有找到时产生 ValueError 异常	"zzuzzu".index("u") "zzuzzu".index("v")	2 ValueError
	String.rindex(str)	返回查找的子字符串在原字符串中最后一次出现的位置,没有找到时产生 ValueError 异常	"zzuzzu".rindex("u") "zzuzzu".rindex("v")	5 ValueError
字符串判断	String.startswith(str)	判断字符串是否以 str 开头	"zzu".startswith("zz")	True
	String.endswith(str)	判断字符串是否以 str 结尾	"zzu".endswith("u")	True
	String.isalnum()	判断字符串是否全是字母或数字	"zzu123*&.".isalnum()	False
	String.isalpha()	判断字符串是否全是字母	"zzu".isalpha()	True
	String.isdigit()	判断字符串是否全是数字	"123456".isdigit()	True
	String.isupper()	判断字符串中的字母是否全是大写	"ZZUzzu".isupper()	False
	String.islower()	判断字符串中的字母是否全是小写	"zzu123".islower()	True

续表

类　型	字符串方法格式	功　　能	应 用 示 例	结　果
删除字符	String.strip(str)	删除字符串首尾相同的字符，可以删除0个,1个,2个……	" * zzu * ".strip(" * ")	'zzu'
	String.lstrip(str)	删除左边的字符	" * zzu * ".lstrip(" * ")	'zzu * '
	String.rstrip(str)	删除右边的字符	" * zzu * ".rstrip(" * ")	' * zzu'
	String.strip()	删除字符串两边的空格	"　zzu　".strip()	'zzu'
	String.lstrip()	删除字符串左边的空格	"　zzu　".lstrip()	'zzu　'
	String.rstrip()	删除字符串右边的空格	"　zzu　".rstrip()	'　zzu'
替换字符	String.replace(oldstr, newstr)	将字符串中特定的字符串替换成新的字符串	str=" * zzu * " str.replace("zzu","郑州大学")	' * 郑州大学 * '

2.5　运算符与表达式

Python语言定义了许多运算符。表达式由操作数、运算符和圆括号按一定规则连接起来组成。当复杂的表达式有多个运算符时,运算符的优先级和结合性决定运算或程序执行的顺序。下面分别介绍运算符、表达式,以及运算符的优先级和结合性。

2.5.1　运算符

1. 算术运算符

算术运算符如表2-6所示,其中变量a和b分别假设为1和2。

表2-6　算术运算符

算术运算符	示　　例	说　　明	运 行 结 果
＋	a＋b	加法	3
－	a－b	减法	－1
*	a * b	乘法	2
**	a**3	乘幂	1
/	7/2	除法	3.5
//	7//2	整除	3
%	7%3	求余数	1

2. 赋值运算符

赋值运算符如表2-7所示,其中变量a、b、c分别假设为1、2、3。

表 2-7 赋值运算符

赋值运算符	示 例	说 明	a 的值
=	a=b	把 b 赋值给 a	2
=	a=b=c	把 c 赋值给 b,再把 b 赋值给 a	3
+=	a+=b	相当于 a=a+b	3
-=	a-=b	相当于 a=a-b	-1
*=	a*=b	相当于 a=a*b	2
**=	a**=b	相当于 a=a**b	1
/=	a/=b	相当于 a=a/b	0.5
//=	a//=b	相当于 a=a//b	0
%=	a%=b	相当于 a=a%b	1

3. 关系运算符

关系运算符如表 2-8 所示,其中变量 a 和 b 分别假设为 1 和 2。

表 2-8 关系运算符

关系运算符	示 例	说 明	表达式的值
==	a==b	两边的值相等则成立	False
!=	a!=b	两边的值不相等则成立	True
>	a>b	左边的值大于右边的值则成立	False
<	a<b	左边的值小于右边的值则成立	True
>=	a>=b	左边的值大于或等于右边的值则成立	False
<=	a<=b	左边的值小于或等于右边的值则成立	True

4. 逻辑运算符

逻辑运算符如表 2-9 所示,其中变量 a 和 b 分别假设为 1 和 2。

表 2-9 逻辑运算符

逻辑运算符	示 例	说 明	表达式的值
and	a and b	逻辑与运算(左右两边同时为真才返回真)	2
or	a or b	逻辑或运算(左右两边有一边为真就返回真)	1
not	not a	逻辑非运算(真取非变为假,假取非变为真)	False

2.5.2 表达式

表达式是将不同类型的数据(常量、变量、函数)用运算符按照一定的规则连接起来的式子,因此表达式由常量、变量、函数和运算符等组成。

当复杂的表达式有多个运算符时,运算符的优先级决定从最高优先级到最低优先级运算的顺序,这对执行的结果有重大的影响。

当表达式中有一种以上的运算符时,运算符的优先级如下:

算术运算符＞比较运算符＞逻辑运算符

其中,算术运算符的优先级如下:

乘幂(**)＞乘法和除法(*、/、//、%)＞加法和减法(＋和－)

算术运算符的优先级也可以表述为"先乘除后加减"。

逻辑运算符的优先级如下:

逻辑非(not)＞逻辑与(and)＞逻辑或(or)

Python中,优先级相同的运算符通常由左向右结合,即具有相同优先级的运算符按照从左到右的顺序计算。例如,所有优先级相同的比较运算符、算术运算符中的加法和减法运算符,以及乘法和除法运算符。还有一些运算符(如赋值运算符)是右结合,即按照从右向左的顺序计算。

另外,括号"()"可以改变优先级。括号运算符拥有最高的优先权,需要先被执行的运算就加上括号,这样括号内的表达式就会先被执行。

2.6 常用内置函数

Python语言包括若干用于实现常用功能的内置函数,内置函数可以不导入任何模块就直接使用。

Python常用内置函数及其功能和示例如表2-10所示。

表2-10 Python常用内置函数及其功能和示例

常用内置函数	功　　能	使 用 示 例
abs(x)	返回数字的绝对值	abs(－3.7)返回3.7
chr(x)	返回Unicode编码为x的字符	chr(65)返回'A'
eval(expression[,globals[,locals]])	用于执行一个字符串表达式,并返回表达式的值。此函数非常灵活,可以执行各种表达式,包括算术表达式、逻辑表达式、函数调用等	eval('1＋1')返回2
float(x)	把x转换为浮点数并返回,x可以是数值也可以是数字串	float('1')返回1.0
help(object)	返回对象或模块的帮助信息	help(abs)返回指定函数的使用帮助
input([prompt])	接受一个标准输入数据,返回为string类型	a＝input("please input:")
int(x[,base])	返回数字x的整数部分,或将字符串x转换为数值,base默认为10,转换为十进制,但base被赋值后,x只能是数字串	int(12.6)返回12 int('123')返回123 int('11',8)返回9 int('11',2)返回3
len(object)	返回对象(字符串、列表、元组、集合、字典等)包含的元素个数	len([1,2,3,4,5])返回5
max(x_1,x_2,…)	返回参数的最大值	max(0,23,－5)返回23

续表

常用内置函数	功　能	使　用　示　例
$\min(x_1,x_2,\cdots)$	返回参数的最小值	$\min(0,23,-5)$返回-5
$\text{pow}(x,y[,z])$	无参数z,返回x的y次幂;有参数z,返回x的y次幂后除以z的余数	pow(2,4)返回16 pow(2,4,5)返回1
range([start,]stop[,step])	产生一个等差序列,默认从0开始,不包括终值	list(range(1,10))返回[1,2,3,4,5,6,7,8,9]
round(x[,小数位数])	四舍五入获取指定位数的小数,若不指定小数位数则返回整数	round(3.141592654,2)返回3.14
str(object)	将对象转换为字符型	str(10)返回'10'
type(object)	返回对象的类型	type(123)返回'int'
hex(x)	将十进制数x转换为十六进制数(字符型)	hex(20)返回'0x14'
oct(x)	将十进制数x转换为八进制数(字符型)	oct(20)返回'0o24'
bin(x)	将十进制数x转换为二进制数(字符型)	bin(20)返回'0b10100'

若想了解某个函数或对象的某个方法,可以使用help()函数,会返回一些有用的信息。例如,输入"help(math.sqrt)"可以查看指定方法的使用帮助。

2.7　print()输出函数

2.7.1　print()输出函数的基本格式

一个完整的程序一般都要用到输入和输出操作。在Python中,使用print()函数输出执行的结果。print()函数的基本格式如下。

```
print([object1,…][, sep=' '][, end='\n'])
```

说明:

(1)[ ]内表示可省略的参数,print()函数的所有参数均可以省略。print()函数无参数时输出一个空行。

(2)object表示输出的对象。print()函数可以同时输出一个或多个对象,输出多个对象时,需要用逗号(,)分隔。如果需要输出字符串,可以在字符串两端加上双引号或单引号。例如:

```
>>>print(12)                    #输出一个对象
12
>>>print(12,34,56,78)           #输出多个对象
12 34 56 78
>>>print("Hello World!")        #输出一个字符串
Hello World!
```

(3) sep 表示分隔符,用来间隔多个对象。如果省略 sep,就会以默认的空格来分隔输出的数据。也可以用参数 sep 指定特定符号作为输出对象的分隔符,例如:

```
>>>print(12,34,56,78,sep='@')    #指定"@"作为输出分隔符
12@34@56@78
```

(4) end 表示结尾符号,用来设定以什么结尾。默认值是换行符"\n",如果省略 end,执行 print()函数后就会换行,也可以用 end 参数指定其他符号作为结尾符号。例如:

```
>>>print("score");print(95)              #省略 end 默认换行,分两行输出
score
95
>>>print("score",end="");print(95)       #指定结尾符号为空字符串,在一行上输出
score95
>>>print("score",end="=");print(95)      #指定结尾符号为"=",在一行上输出
score=95
```

2.7.2　格式化输出

print()函数有两种格式化方法支持格式化输出,分别是用"%字符"格式化输出和搭配 format()函数格式化输出。

1. 用"%字符"格式化输出

用"%字符"格式化输出的语法格式如下:

```
print("格式化文本"%(变量 1,变量 2,…,变量 n))
```

说明:

(1) 格式化文本可以用"%字符"代表输出格式,表 2-11 列出了各种格式化符号的输出格式说明。

表 2-11　格式化符号的输出格式说明

格式化符号	说　　明	格式化符号	说　　明
%d	十进制整数	%f 或 %F	浮点数
%o	八进制整数	%e 或 %E	浮点数,指数形式(底数为 e 或 E)
%x	十六进制整数	%c	1 字符
%s	字符串	%%	字符%

例如:

```
>>>age=19
>>>print("Jack 的年龄: %d 岁"%age)
Jack 的年龄: 19 岁
```

(2) 格式化文本有两个以上的变量,变量必须用括号括起来,变量之间用","隔开。
例如:

```
>>>age=18
>>>print("%s 的年龄：%d 岁"%("Lucy",age))
Lucy 的年龄：18 岁
```

（3）格式化输出可以固定打印字符的个数和浮点数的位数，让输出的数据排列整齐。例如：

```
print("%6s 的 2 月份工资：%8.2f 元"%("Tom",6580))
print("%6s 的 2 月份工资：%8.2f 元"%("Marry",5658.3))
print("%6s 的 2 月份工资：%8.2f 元"%("Jone",10012.18))
```

运行结果如下：

```
   Tom 的 2 月份工资：  6580.00 元
 Marry 的 2 月份工资：  5658.30 元
  Jone 的 2 月份工资： 10012.18 元
```

其中，%6s 表示字符串的宽度为 6，当字符个数少于 6 个时，在字符串左边补空格使上下行人名右对齐；%8.2f 表示浮点数的宽度为 8，小数占 2 位，小数点占 1 位，当浮点数少于 8 位时，在浮点数左边补空格使上下行的工资数额右对齐。

2. 搭配 format()函数格式化输出

Python 中，还可以搭配 format()函数进行格式化输出，用法说明如下。

（1）无论输出何种数据类型，都用"{}"表示，"{""}"用 format()函数里面的自变量替换。例如：

```
>>>print("{}是我们的计算机老师。".format("张三"))
```

运行结果如下：

```
张三是我们的计算机老师。
```

（2）可以使用多个自变量，{0}表示使用第一个自变量，{1}表示使用第二个自变量，依此类推，也可以用 format()函数里面的自变量名称取代数字编号。如果"{}"内的内容省略，则按照自变量的顺序填入。例如：

```
>>>print("{0}的大学计算机基础成绩为{1}分".format("李四",90))
>>>print("{name}的大学计算机基础成绩为{score}分".format(name="李四",score=\
     90))
>>>print("{}的大学计算机基础成绩为{}分".format("李四",90))
```

运行结果均为

```
李四的大学计算机基础成绩为 90 分
```

（3）在数字编号后面加上"："，可以指定参数格式。例如：

```
>>>print("{0:.2f}".format(3.1415926))        #取 2 位小数
```

运行结果如下：

```
3.14
```

（4）可以搭配"<""^"">"加上宽度来控制左、中、右对齐输出。未指定填充字符则默认以空格填充，指定填充字符则以指定字符进行填充。例如：

```
print("{0:6}的期末总分为：{1:<9}".format("Billy",621))
print("{0:6}的期末总分为：{1:#^9}".format("Sue",598))
print("{0:6}的期末总分为：{1:@>9}".format("May",652))
```

运行结果如下：

```
Billy 的期末总分为：621
Sue   的期末总分为：###598###
May   的期末总分为：@@@@@@652
```

（5）Python 中的 ljust()、center()和 rjust()函数分别对应左、中、右对齐操作，来控制输出对齐方式。

例如：

```
'Hello'.center(20,'*')
```

2.8 input()输入函数

input()函数用于获取用户的输入数据,该函数可以指定提示文字,用户输入的数据则存储在指定的变量中,其基本格式如下：

```
变量=input("[提示字符串]")
```

说明：

（1）提示字符串和变量均可以省略。

（2）在程序执行时，遇到 input 指令会先等待用户输入数据，用户输入数据并按Enter 键后，input()函数将用户按 Enter 键之前的全部输入数据以字符串格式返回，使用eval()函数可以计算字符串中表达式的值并返回存入变量中。例如：

```
>>>x=eval(input("请输入数据："))
请输入数据：123
>>>x
123
```

（3）如果用户需要输入整数或小数等，可以使用内置的 int()或 float()函数将输入的数字串转换为整数或浮点数。例如：

```
>>>x=input("请输入一月份的工资：")
请输入一月份的工资：4230.12
>>>x
'4230.12'                          #变量 x 的值是字符型
>>>y=input("请输入一月份的奖金：")
请输入一月份的奖金：830.34
>>>y
'830.34'                           #变量 y 的值是字符型
>>>float(x)+float(y)               #使用内置 float 函数将输入的字符串转换为浮点数
5060.46
```

（4）可以一次性分别给多个变量赋值。例如：

```
>>>x,y,z=eval(input("请输入 3 个 100~500 的整数:"))
请输入 3 个 100~500 的整数:150,238,496
>>>x
150
>>>y
238
>>>z
496
```

2.9　math 库和 random 模块

2.9.1　math 库

math 库常用数学函数、三角函数及数学常量说明如表 2-12 所示。

表 2-12　math 库常用数学函数、三角函数及数学常量说明

函　　数		说　　明
数学函数	ceil(x)	返回 x 的上限整数
	exp(x)	返回 e 的 x 次幂
	fabs(x)	返回 x 的绝对值
	factorial(x)	返回 x 的阶乘
	floor(x)	返回 x 的下限整数
	log(x)	返回 x 的自然对数
	log(x,y)	返回以 y 为底的 x 的对数
	log10(x)	返回以 10 为底的 x 的对数
	modf(x)	返回 x 的小数部分和整数部分，均以浮点型表示，两部分的数值符号与 x 相同
	pow(x,y)	返回 x 的 y 次方
	sqrt(x)	返回 x 的平方根

续表

函 数		说 明
三角函数	acos(x)	返回 x 的反余弦弧度值
	asin(x)	返回 x 的反正弦弧度值
	atan(x)	返回 x 的反正切弧度值
	atan2(x,y)	返回给定的(x,y)坐标值的反正切值
	cos(x)	返回 x 弧度的余弦值
	hypot(x,y)	返回欧几里得范数 sqrt(x*x+y*y)
	radians(x)	将角 x 的角度转换成弧度
	degrees(x)	将角 x 的弧度转换成角度
	sin(x)	返回 x 弧度的正弦值
	tan(x)	返回 x 弧度的正切值
数学常量	pi	数学常数 π=3.141592…
	e	数学常数 e=2.718281…
	tau	数学常数 τ=6.283185…

使用示例：

```
import math                          #使用math库前,用import导入该库
print("math.fabs(-56.19): ",math.fabs(-56.19))
                                     #结果为 math.fabs(-56.19):56.19
print("math.pow(2000,-4): ",math.pow(2000,-4))
                                     #结果为 math.pow(2000,-4): 6.25e-14
print("math.sqrt(16): ",math.sqrt(16))   #结果为 math.sqrt(16):4.0
print("math.sin(math.pi):",math.sin(math.pi))
#使用结果为 math.sin(math.pi):1.2246467991473532e-16
print("math.radians(30): ",math.radians(30))
                                     #结果为 math.radians(30):0.5235987755982988
print("pi=",math.pi)                 #结果为 pi=3.141592653589793
print("e=",math.e)                   #结果为 e=2.718281828459045
```

2.9.2 random 模块

随机数在数学、游戏制作、测试、仿真及安全等领域有着广泛的应用。Python 提供了一个 random 随机数标准模块用来产生随机数,表 2-13 列出了 Python 常用随机数函数的说明和示例。

表 2-13 Python 常用随机数函数说明和示例

函 数	说 明	示 例
choice(seq)	从序列中随机取一个元素	random.choice([1,3,5,7,9])
random()	随机产生[0,1)范围内的实数	random.random()

续表

函 数	说 明	示 例
randint(a,b)	随机产生[a,b]范围内的一个整数	random.randint(0,100)
randrange([start,] stop [,step])	从指定范围内,按照递增基数 step 获取一个随机数,基数 step 默认值为 1	random.randrange(0,100,2) 表示取一个 0~100 的偶数
sample(population,k)	返回一个列表,其中从序列或集合中随机选择指定数量的项目。$k \leq \text{len(population)}$	random.sample('abcdef',3) 表示从 abcdef 中提取 3 个字母
shuffle(lst)	将序列的所有元素打乱后随机排列	x=[1,4,9,16] random.shuffle(x)
uniform(x,y)	随机产生[x,y]范围内的一个实数,其中 x、y 分别为随机数的最小值和最大值	random.uniform(0,1)

使用示例:

```
import random
print(random.choice([1,3,5,7,9]))
print(random.random())
print(random.randint(0,100))
print(random.randrange(0,100,2))
print(random.sample('abcdef',3))
x=[1,4,9,16]
random.shuffle(x)
print(x)                #shuffle(lst)函数返回 None,所以不能直接用 print()函数输出
print(random.uniform(0,1))
```

运行结果如下:

```
9
0.08721024086432849
17
78
['b', 'e', 'f']
[9, 1, 16, 4]
0.8985122883107064
```

2.10 应用实例

【例 2-1】 算术运算示例。

程序代码如下:

```
a=5.12
b=6.3
print("a+b=%f,a-b=%f,a*b=%f,a/b=%f\n"%(a+b,a-b,a*b,a/b))
```

程序运行结果如下:

```
a+b=11.420000,a-b=-1.180000,a*b=32.256000,a/b=0.812698
```

【例 2-2】 计算圆的周长和面积,要求圆半径由用户自行输入。

程序代码如下:

```
r=input('请输入圆的半径:')      #input()函数将输入数据以字符串格式存入变量中
r=float(r)                      #float()函数将输入的字符串转换为浮点数
pi=3.14                         #把π的值赋给变量pi
cir=2*pi*r                      #求出圆的周长
area=pi*r*r                     #求出圆的面积
print('此圆周长为:%.2f'%cir)    #输出圆的周长
print('此圆面积为:%.2f'%area)   #输出圆的面积
```

程序运行结果如下:

```
请输入圆的半径:5.2
此圆周长为:32.66
此圆面积为:84.91
```

【例 2-3】 求解一元二次方程 $5x^2-4x-1=0$。

程序代码如下:

```
import math
a=5;b=-4;c=-1                       #把二次项系数、一次项系数和常数项分别赋给变量a、b、c
x1=(-b+math.sqrt(b*b-4*a*c))/(2*a)
                                    #使用math库中的sqrt()函数求出平方根
x2=(-b-math.sqrt(b*b-4*a*c))/(2*a)
print('一元二次方程5*x*x-4*x-1=0的解为 ',x1,x2)     #输出方程的两个解
```

程序运行结果如下:

```
一元二次方程5*x*x-4*x-1=0的解为 1.0 -0.2
```

【例 2-4】 已知 $x=345678, y=23456, z=1234$,打印一个求 $x-y-z=W$ 的竖式。

程序代码如下:

```
x=345678
y=23456
z=1234
m=x-y
n=m-z
print("%10d"%x)
print("%2c%8d"%("-",y))
print("%10s"%"---------")
print("%10d"%m)
print("%2c%8d"%("-",z))
print("%10s"%"---------")
print("%10d"%n)
```

程序运行结果如下：

```
    345678
-    23456
---------
   3222222
-     1234
---------
    320988
```

【例 2-5】 编写一个程序，实现两个数的交换。

下面采用两种程序编写方法实现两个数的交换。

(1) 第一种方法，程序代码如下：

```
x=30;y=50
print("x=%d y=%d"%(x,y))        #x=30 y=50
t=x                             #赋值后,t 的值是 30
x=y                             #赋值后,x 的值是 50
y=t                             #赋值后,y 的值是 30
print("x=%d y=%d"%(x,y))        #x=50 y=30
```

(2) 第二种方法，程序代码如下：

```
x=30;y=50
print("x=%d y=%d"%(x,y))
x,y=y,x                         #利用多变量赋值实现两个变量的值发生交换
print("x=%d y=%d"%(x,y))
```

程序运行结果如下：

```
x=30 y=50
x=50 y=30
```

习题 2

一、简答题

1. 简述什么是变量。
2. 简述 Python 中标识符的命名规则。
3. 简述 Python 中的数字类型。
4. 描述 Python 中的运算符。
5. 简述 Python 中的类型转换方式，以及各种类型之间是如何进行转换的。
6. 简述 Python 的输入和输出函数。

二、选择题

1. 下列各项中，属于合法变量名的是(   )。
   A. 1_XYZ#   B. x 1   C. for   D. name_school
2. 下列各项中，属于合法的整型常数的是(   )。
   A. 12300   B. &O187   C. &H1AK   D. &B121110
3. 表达式 2**3−5//3−False+True 的值是(   )。

  A. 10   B. 8   C. 7   D. 6

4. 下列数据类型中,Python 不支持的是(　　)。

  A. int   B. float   C. char   D. complex

5. 表达式 len(range(1,10)) 的值为(　　)。

  A. 9   B. 10   C. 11   D. 12

6. Python 中,print(chr(97)) 的运行结果是(　　)。

  A. 97   B. A   C. a   D. 65

7. 在 Python 中,正确的赋值语句为(　　)。

  A. x+y=10+20   B. x=x−5*y

  C. 8x=100   D. y+1=y

8. 已知 x=5;y=9,执行复合赋值语句 x*=y−5 后,x 变量中的值是(　　)。

  A. 40   B. 4   C. 50   D. 20

9. 与数学表达式 $\dfrac{de}{3abc}$ 对应的 Python 表达式中,不正确的是(　　)。

  A. d*e/(3*a*b*c)   B. d/3*e/a/b/c

  C. d*e/3*a*b*c   D. d*e/3/a/b/c

10. 下列关于 Python 中复数的说法,正确的是(　　)。

  A. 虚部必须添加后缀 j 或 J   B. 实部和虚部可以不是浮点数

  C. 一个复数可以没有虚部的实数和 j   D. 实部如果是 1 则可以省略

三、填空题

1. Python 的 4 种内置的数字类型为_____、_____、_____和_____。

2. 布尔型的值包括_____和_____。

3. 若 a=3、b=5,则 a or b 的值为_____,a and b 的值为_____。

4. Python 表达式 int('110',2) 的值为_____。

5. 已知 x=2,执行语句 x**=5 之后,x 的值为_____。

6. 16.34E−3 表示的是_____。

7. Python 表达式 not 3>2>6+8 的执行结果为_____。

8. Python 标准库 math 中,用来计算 x 的 y 次方的函数是_____。

9. Python 语句 print(100,200,300,sep=';') 的执行结果为_____。

10. 表达式 chr(ord('B')+32) 的值为_____。

四、编程题

  1. 编写程序,从键盘输入一个整数,输出这个整数的平方、平方根、立方、立方根,每个数保留两位小数。

  2. 编写程序,计算 30°的正弦值和余弦值并输出。

  3. 编写程序,计算并输出某个学生的语文、数学、英语三门功课的总分和平均分(结果保留一位小数)。

  4. 编写程序,输入球的半径(r)。用公式 $V=\dfrac{4}{3}\pi r^3$ 计算球的体积(V),结果保留一位小数。

  5. 编写程序,从键盘输入一个大写字母,然后输出该大写字母对应的小写字母。

第3章 选择结构

选择结构是程序设计中常用的基本结构,其功能是对给定的条件进行比较和判断,并根据判断结果采取不同的操作。Python中常见的选择结构有3种:单分支选择结构、双分支选择结构和多分支选择结构。

3.1 单分支选择结构

单分支选择结构是最基本的选择结构语句,其语法格式如下:

```
if 表达式:
    语句块
```

功能:如果表达式的值为真,则执行其后的语句块,否则不做任何操作。其结构如图3-1所示。

说明:if语句中,表达式表示一个判断条件,可以是任何能够产生True或False的表达式或函数。表达式中一般包含关系运算符、成员运算符或逻辑运算符。

在Python中,整数1代表真(True),0代表假(False)。非零数字或非空对象也被视为真,任意的空数据结构或空对象以及特殊对象None都被视为假。

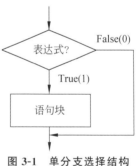

图3-1 单分支选择结构

例如,选拔身高T超过1.7米且年龄age小于25岁的人,则该条件的逻辑表达式如下:

```
T>1.7 and age<25
```

例如,在某个游戏过程中,如果本关积分达到1000,则提示"进入下一关"。用选择结构来实现此功能,部分代码如下:

```
if fen==1000:
    fen=0
    print('进入下一关')
```

注意：这里的两条语句"fen=0"和"print('进入下一关')"是 if 条件成立时要执行的同一个语句块,所以语句前的缩进要一致。Python 最具特色的功能就是使用缩进表示语句块,不需要使用大括号。缩进的字符数是可变的,但是同一个语句块的语句必须包含相同的缩进字符数,如果缩进不一致会导致逻辑错误。

3.2 双分支选择结构

双分支选择结构的语句用于区分条件的两种执行结果,语法格式如下:

```
if 表达式:
    语句块 1
else:
    语句块 2
```

功能：当表达式的值为真时,执行 if 后面的语句块 1,否则执行 else 后面的语句块 2,其结构如图 3-2 所示。

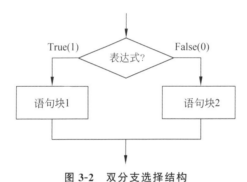

图 3-2 双分支选择结构

注意：双分支选择结构中,if 和 else 后面的冒号不能缺失,而且其后语句块 1 和语句块 2 都必须要有缩进,否则会产生语法错误。

【例 3-1】 已知某书店图书均九折销售,一次购书 100 元以上(包括 100 元)打八折。编写程序,要求根据输入的购书金额计算并输出应付款。

分析：设购书金额为 x 元,应付款为 y 元。由题意可知：

$$y = \begin{cases} 0.9x, & x < 100 \\ 0.8x, & x \geqslant 100 \end{cases}$$

计算 y 的值可利用双分支选择结构的语句来实现。

程序代码如下：

```python
x=eval(input("请输入购书金额："))
if x<100:
    y=0.9*x
else:
    y=0.8*x
print("优惠后应付金额是{:.2f}".format(y))
```

【例 3-2】 输入选拔赛分数,如果达到 60 分,则输出"合格",否则输出"淘汰"。

程序代码如下:

```
x=input('输入分数: ')
fen=int(x)
if fen>=60:
    print('合格')
else:
    print('淘汰')
print('评价完成')
```

在 Python 中,双分支选择结构还有一种更简洁的表达式,适合在判断后直接返回特定的结果值,其语法格式如下:

```
表达式 1  if  条件  else  表达式 2
```

其中,表达式 1 和表达式 2 一般是一个数字类型或字符串类型的值。例如,例 3-2 中的双分支选择语句块可以改为一条语句:

```
print('合格' if fen>=60 else '淘汰')
```

程序代码如下:

```
fen=int(input('输入分数: '))
print('合格' if fen>=60 else '淘汰')
print('评价完成')
```

运行结果如下:

```
输入分数: 78
合格
评价完成
>>>
```

3.3 多分支选择结构

Python 的多分支选择结构使用 if…elif…else 语句表达,其语法格式如下:

```
if  表达式 1:
    语句块 1
elif 表达式 2:
    语句块 2
    …
else:
    语句块 n
```

说明：该语句适用于多个变量、多种条件的情况，判断的顺序为条件表达式1、条件表达式2、条件表达式3……一旦与某一条件匹配就执行该条件下的语句块，随即跳出整个if结构，即使下面仍有条件匹配也不再执行，因此要注意语句中条件表达式的排列次序，以免某些情况不被处理。如果没有任何条件成立，else下面的语句块将被执行，else子句是可选的。

if…elif…else 语句的多分支选择结构如图3-3所示。

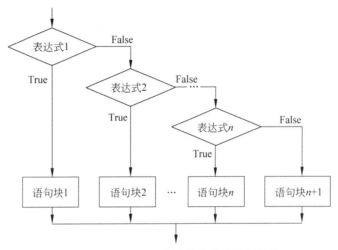

图 3-3　if…elif…else 语句的多分支选择结构

【例 3-3】 根据输入的学生百分制成绩，判定成绩的等级，输出相应的等级评价。等级评价标准如表3-1所示。

表 3-1　等级评价标准

等级	优	良	中	及格	不及格
分数	分数≥90	90＞分数≥80	80＞分数≥70	70＞分数≥60	分数＜60

该程序是一个多分支选择的问题，可以使用多分支选择结构 if…elif…else 语句实现。程序代码如下：

```
stumark=int(input("输入学生的成绩："))
if stumark<0 or stumark>100:
    print("学生成绩输入有误!")
else:
    if stumark >= 90 :
        grade="优"
    elif stumark >= 80 :
        grade="良"
    elif stumark >= 70:
        grade="中"
    elif stumark >= 60 :
        grade="及格"
```

```
else:
    grade="不及格"
print("此位学生的等级评价是: ", grade)
```

注意：多分支选择结构的一系列条件判断会从上到下依次执行，如果某个条件判断为 True，则执行该条件判断对应的语句块后，后面的条件判断就直接忽略，不再执行了。

思考：例 3-3 中 if…elif…else 部分代码如果写成下面的形式，结果会如何？

```
if stumark>=60:
    grade="及格"
elif stumark>=70:
    grade="中"
elif stumark>=80:
    grade="良"
elif stumark>=90:
    grade="优"
else:
    grade="不及格"
```

3.4 选择结构的嵌套

如果 if 语句中又包含一个或多个 if 语句，则称为 if 语句的嵌套。例如：

```
if 表达式 1:
    if 表达式 2:
        语句块 1
    else:
        语句块 2
else:
    if 表达式 2:
        语句块 3
    else:
        语句块 4
```

【例 3-4】 输入平面坐标系中某点的坐标值(x,y)，判定输出该点在第几象限。

分析：在直角坐标系中，点所在的象限有以下几种情况。

(1) 当 $x=0$ 或 $y=0$ 时，点在坐标轴上，不在任何象限。

(2) 当 $x>0$ 时，有两种情况：若 $y>0$，点在第一象限；若 $y<0$，点在第四象限。

(3) 当 $x<0$ 时，有两种情况：若 $y>0$，点在第二象限；若 $y<0$，点在第三象限。

该程序可使用 if 语句的嵌套实现。程序代码如下：

```
import random
x=random.randint(-100,100)
```

```
y=random.randint(-100,100)
print("随机生成的坐标点为: ",x,",",y)
if x==0 or y==0:
    print("该点在坐标轴上,不在任何象限")
elif x>0:
    if y>0:
        print("该点在第一象限")
    elif y<0:
        print( "该点在第四象限")
elif x<0:
    if y>0:
        print( "该点在第二象限")
    elif y<0:
        print( "该点在第三象限")
print( "判断完成!")
```

程序运行结果如下:

```
随机生成的坐标点为: -93 ,-38
该点在第三象限
判断完成!
>>>
随机生成的坐标点为: 22 ,-58
该点在第四象限
判断完成!
>>>
```

3.5 应用实例

【例 3-5】 设计一个简易四则运算计算器,输入任意两个整数及运算符后,输出计算结果。如果输入的运算符不是＋、－、*、/之一,则提示"运算符错误,无法计算!"。

分析:本例利用了选择结构的嵌套模式,先判断输入的运算符是否是['+','-','*','/']符号,如果不是,则输出提示语并结束程序;如果是,则进入一个多分支选择语句,根据不同的运算符求解并输出数值。

程序代码如下:

```
x,y=eval(input("请输入两个整数(用逗号分隔): "))
op=input("输入算术运算符: ")
if op!='+' and op!='-' and op!='*' and op!='/':
            #此句也可以利用列表功能来做判断,即 if op not in[ '+', '-', '*', '/']
    print('运算符错误,无法计算!')
elif op=='/' and y==0:
```

```
        print('除数为 0')
else:
    if op=='+':
        z = x + y
    elif op=='-':
        z = x - y
    elif op=='*':
        z = x * y
    elif op=='/':
        z = x/y
    print('%d %c %d ='%(x,op,y), z)
```

程序运行结果如下：

```
请输入两个整数(用逗号分隔)：23,6
输入算术运算符：*
23 * 6=138
>>>
请输入两个整数(用逗号分隔)：78,12
输入算术运算符：/
78 / 12=6.5
>>>
请输入两个整数(用逗号分隔)：45,100
输入算术运算符：$
运算符错误,无法计算！
>>>
```

【例 3-6】 求 $ax^2+bx+c=0$ 方程的根。系数 a、b、c 由键盘输入。

分析：根据系数 a、b、c 的值,可得出方程有以下几种可能。

(1) $a=0$,不构成一元二次方程。

(2) 如果 $b^2-4ac=0$,一元二次方程有两个相等实根。

(3) 如果 $b^2-4ac>0$,一元二次方程有两个不等实根。

(4) 如果 $b^2-4ac<0$,一元二次方程有两个共轭复根,形式为 $m+nj$ 和 $m-ni$,其中 $m=-\dfrac{b}{2a}$、$n=\dfrac{\sqrt{-(b^2-4ac)}}{2a}$。

本例中,在双分支选择结构中嵌套多分支选择来区分上面几种方程根的情况。程序开始,先判断是否是一元二次方程,如果是,再根据 p 的值即 b^2-4ac 的情况来分类判断属于哪种根的求解。如果是复根,先分别计算出实部 m 和虚部 n,再利用 print() 函数的格式输出功能输出"$m+nj$"这样的复数形式。

程序代码如下,注意这里的分支结构及其嵌套的含义和缩进格式。

```python
import math
a,b,c=eval(input("输入方程式 ax^2+bx+c=0 的系数 a,b,c: "))
print("方程式为%dx^2+%dx+%d=0 " %(a,b,c))
if a==0:
    print("这不是一元二次方程!")
else:
    print("是一元二次方程:")
    p=pow(b,2)-4*a*c
    if p==0:
        print("有两个相等实根,X1=X2=%f " %(-b / (2 * a)), "\n")
    elif p>0:
        x1=(-b+math.sqrt(p))/(2 * a)
        x2=(-b-math.sqrt(p))/(2 * a)
        print("有两个不同的根:X1=%f , X2=%f " %(x1,x2))
    else:
        m=-b / (2 * a)
        n=pow(-p,0.5) / (2 * a)
        x1=complex(m,n)
        x2=complex(m,-n)
        print("有两个复根：x1={:.6f},x2={:.6f}".format(x1,x2))
```

程序运行结果如下：

```
输入方程式 ax^2+bx+c=0 的系数 a,b,c: 1,2,1
方程式为 1x^2+2x+1=0
是一元二次方程:
有两个相等实根,X1=X2=-1.000000

>>>
输入方程式 ax^2+bx+c=0 的系数 a,b,c: 2,6,1
方程式为 2x^2+6x+1=0
是一元二次方程:
有两个不同的根:X1=-0.177124 , X2=-2.822876
>>>
输入方程式 ax^2+bx+c=0 的系数 a,b,c: 3,2,4
方程式为 3x^2+2x+4=0
是一元二次方程:
有两个复根:X1=-0.333333+1.105542j, X2=-0.333333-1.105542j
>>>
输入方程式 ax^2+bx+c=0 的系数 a,b,c: 0,2,5
方程式为 0x^2+2x+5=0
这不是一元二次方程!
>>>
```

习题 3

扫码答题

一、简答题

1. 简述选择结构的种类。
2. 简述 if、if…else 和 if…elif…else 语句的语法格式和使用时的区别。
3. 什么情况下条件表达式会认为结果是 False？
4. Python 的多分支选择结构中，多个 elif 分支随意调整位置会有什么后果？
5. 当多分支选择结构中有多个表达式条件同时满足时，则每个与之匹配的语句块都被执行，这种说法是否正确？

二、选择题

1. 可以用来判断某语句是否在分支结构的语句块内的是（   ）。
   A. 缩进　　　　　　B. 括号　　　　　　C. 逗号　　　　　　D. 分号
2. 以下选项中，不是选择结构里的保留字是（   ）。
   A. if　　　　　　　B. elif　　　　　　C. else　　　　　　D. elseif
3. 以下条件选项中，合法且在 if 中判断是 False 的是（   ）。
   A. 24<=28&&28>25　　　　　　　　　B. 24<28>25
   C. 35<=45<75　　　　　　　　　　　D. 24<=28<25
4. 以下针对选择结构的描述中，错误的是（   ）。
   A. 每个 if 条件后或 else 后都要使用冒号
   B. 在 Python 中，没有 select…case 语句
   C. Python 中的 pass 是空语句，一般用作占位语句
   D. elif 可以单独使用，也可以写为 elseif
5. Python 中，（   ）是一种更简洁的双分支选择结构。
   A. '合格' if fen>=60 else '淘汰'
   B. if fen>=60 '合格'else '淘汰'
   C. if fen>=60：'合格'：'淘汰'
   D. if fen>=60：'合格' elseif '淘汰'

三、填空题

1. Python 中，用于表示逻辑与、逻辑或、逻辑非运算的关键字分别是_____、_____和_____。
2. 表达式 1 if 2>3 else (4 if 5>6 else 7) 的值为_____。
3. if…else 双分支选择结构中，else 与 if 语句后面必须有_____符号。
4. Python 中，表示条件真或假的两个关键字是_____和_____。
5. 算术运算符、关系运算符、逻辑运算符中优先级最高的是_____。

四、编程题

1. 由键盘输入 3 个整数，请利用分支选择结构语句编程，输出其中最大的数。
2. 编程查询某日汽车限行车牌尾号。限行规则为工作日每天限行两个号：车牌尾数

为 1 和 6 的机动车周一限行;车牌尾数为 2 和 7 的周二限行;车牌尾数为 3 和 8 的周三限行;车牌尾数为 4 和 9 的周四限行;车牌尾数为 5 和 0 的周五限行。请输入星期几的代号(1～7),输出相应的限行车辆尾号。

3. 输入年份和月份,求该月的天数。

提示:当月份为 1、3、5、7、8、10、12 时,该月的天数为 31 天;当月份为 4、6、9、11 时,该月的天数为 30 天;当月份为 2 时,如果是闰年,则该月的天数为 29 天,否则为 28 天。某年为闰年的条件是,年份能被 4 整除但不能被 100 整除,或年份能被 400 整除。

4. 编写程序,输入三角形的三条边长,如果能构成三角形,则判断是等腰、等边、直角三角形,还是一般三角形。

5. 某汽车运输公司开展整车货运优惠活动,货运收费根据各车型货运里程的不同而定,其中一款货车的收费标准如下,编程实现自动计算运费问题。

(1) 距离在 100km 以内:只收基本运费 1000 元。

(2) 距离为 100～500km:除基本运费外,超过 100km 的部分,运费为 3.5 元/千米。

(3) 距离超过 500km:除基本运费外,超过 100km 的部分,运费为 5 元/千米。

第4章 循环结构

在解决问题的过程中,有时需要有规律性地重复操作许多次,对于计算机来说,就需要重复执行某些语句,解决方式就是采用循环结构。

循环结构是在一定条件下反复执行某段程序的流程结构,被反复执行的程序段被称为循环体,能否继续重复执行,由循环的终止条件来决定。

Python 中使用 for 语句和 while 语句实现循环结构。

4.1 while 循环结构

while 语句是条件循环语句,当条件满足时执行循环体,常用于控制循环次数未知的循环结构。while 语句的语法格式如下:

```
while 表达式:
    循环体语句块
```

功能:先判断 while 表达式的值,如果为真(True)则执行一次循环体语句块,然后返回 while 处再次判断表达式的值,若仍为 True 则再一次执行循环体,如此反复,直到表达式的值为假(False),循环中止。while 循环结构如图 4-1 所示。

说明:

(1) while 循环是先判断再执行,因此循环体语句块有可能一次也不执行。

(2) 为避免造成死循环,循环体语句块里一定要有能中止循环的语句,比如能改变 while 表达式值的变量,或辅助控制语句 break 和 continue。

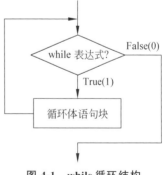

图 4-1 while 循环结构

(3) 要注意循环体语句块的缩进格式,while 语句只执行其后的一条或一组同一缩进格式的语句块。

【例4-1】 求 1+2+3+…+100 的值。

分析：本例中为了实现求和运算，重复执行加法操作，可以用累加指令 s=s+i 实现。其中，i 是一个从 1 变化到 100 的变量，每次递增 1，可用 i=i+1 或 i+=1 指令实现。当 i 增加到 100 后需要终止循环，这可以用 i<=100 作为循环控制表达式。

程序代码如下：

```
s=0
i=1
while i<=100:
    s=s+i                    #也可以写为 s+=i
    i=i+1                    #也可以写为 i+=1
print('1~100 的和为: ',s)
```

思考：

(1) 如果要计算 1~100 所有奇数或者偶数的和，应怎样编写程序代码？

(2) 例4-1 是对变量 i 从小到大递增求和，若改为从大到小递减并求和，应怎样编写程序代码？

【例4-2】 有一阶梯，如果每步跨 2 阶，最后余 1 阶；每步跨 3 阶，最后余 2 阶；每步跨 5 阶，最后余 4 阶；每步跨 6 阶，最后余 5 阶；每步跨 7 阶，正好到达阶梯顶，问阶梯至少有多少阶？

分析：本例可以采用穷举法（也称枚举法），即对可能出现的各种情况一一进行测试，判断是否满足条件。对于不可预测循环次数的问题，一般选择无限循环 while 语句。

本例中，控制 while 循环是否继续的条件表达式是一个常量 True，它与循环体内的 break 语句结合，避免了死循环的产生。这里台阶数 n 从 0 开始判断是否符合要求，如果不符合，台阶数就增加 1，然后返回 while 处再次循环去判断台阶数，如此反复，直到某一个 n 值符合要求就执行 break 中止循环。

程序代码如下：

```
n=0
while True:
    if n %2==1 and n %3==2 and n %5==4 and n %6==5 and n %7==0:
        break
    n=n+1
print('第一个符合的台阶数是: ',n)
```

运行结果如下：

```
第一个符合的台阶数是: 119
>>>
```

while 循环还有一种使用保留字 else 的扩展模式，其格式如下：

while 表达式：

· 48 ·

```
    语句块 1
else:
    语句块 2
```

功能：如果 while 循环体内没有被 break、return 等打乱，而是正常执行完循环体，这时就要执行 else 语句下的内容，所以可在 else 下放置一些描述 while 循环执行情况的语句。这种 else 语句同样适用于 for 循环结构语句。

【例 4-3】 输出某人英文名字中的字母。

分析：从第一个字母开始到最后一个字母为止，源程序正常执行循环体，分别打印名字中的每个字母，循环完成后执行 else 部分，输出提示语"---拼写结束---"。

程序代码如下：

```
name="Tom"
x=0
while x<len(name):
    print("第"+str(x+1)+"个字母："+name[x])
    x+=1
else:
    print("---拼写结束---")
```

运行结果如下：

```
第 1 个字母：T
第 2 个字母：o
第 3 个字母：m
---拼写结束---
>>>
```

把这个程序改造一下，加入一个 break 保留字，如例 4-4。

【例 4-4】 某应用程序中，注册用户信息时，要求密码由字母或数字组合，如果输入的密码不符合要求，则重新输入密码。编写程序实现此功能。

程序代码如下：

```
string=input("请输入新密码：")
i=0
while i<len(string):
    if not string[i].isalnum():
        msg="密码只能是字母或数字的组合,请重新输入！"
        break
    i+=1
else:
    msg="密码输入成功。"
print(msg)
```

此程序里，在 while 循环过程中发现某个字符不是数字或字母，就输出"密码只能是字母或数字的组合,请重新输入!"提示语,并通过 break 跳出循环。如果 while 循环是根据循环条件正常结束的,则执行 else 下的语句"密码输入成功。"。所以根据这两个状态即可判断循环的执行情况。

程序运行结果如下:

```
请输入新密码: abc$ #123
密码只能是字母或数字的组合,请重新输入!
>>>
请输入新密码: abc123qq
密码输入成功。
>>>
```

4.2 for 循环结构

在 Python 中,如果循环次数很明确,一般采用遍历循环来构造循环结构。循环次数通过遍历结构中的元素个数来体现,采用 for 语句依次把列表或元组中的每个元素迭代出来。在 Python 中,可以使用 for 循环来遍历列表、元组、字典、字符串、函数等许多含有序列的项目。

for 循环结构的语法格式如下:

```
for 循环变量 in 遍历结构:
    循环体语句块
```

功能:循环开始时,从遍历结构中逐一提取元素,给 for 指定循环变量,对于每个提取的元素都执行一次语句块,如此反复,直到遍历完每一个元素。

【例 4-5】 编程计算 $1-2+3-4+5-6+\cdots+n$ 的值,n 由用户输入。

分析:首先输入用户要求的数字 n,确定遍历方式 range( ),循环开始对提取的值做累加,用 $(-1)**(x+1)$ 或者 pow(-1,x+1) 控制加减的变化,遍历循环结束后输出最后结果。

程序代码如下:

```
n=eval(input("输入数列 s=1-2+3-4+…n 中的 n 值:"))
s=0
for x in range(1,n+1):
    s=s+pow(-1,x+1) * x
print("1-2+3-4+…+"+str(n)+"的值为: ",s)
```

range( )函数返回一个可迭代对象,常用在 for 循环结构中。其语法格式如下:

```
range([start,] end [, step])
```

参数说明:

start:从 start 开始计数,可省略,默认是从 0 开始。例如,range(5)等价于 range(0,5)。

end:计数到 end 结束,但不包括 end 值。例如,range(0,5)表示[0,1,2,3,4],没有 5。

step:步长,可省略,默认为 1。例如,range(0,5)等价于 range(0,5,1)。

例如:

```
for x in range(1,11):            #1~10 循环
    print(x)
for x in range(1,11,2):          #只循环奇数 1、3、5、7、9
    print(x)
```

例如,对字符串序列的遍历:

```
city="北上广深"
for x in city:
    print("找到了%c"%x)
```

运行结果如下:

```
找到了北
找到了上
找到了广
找到了深
>>>
```

【例 4-6】 输入一串字符,统计空格、数字、字母和其他字符的个数。

分析:利用 for 循环语句,对这串字符进行遍历,循环过程中对提取的字符进行判断,采用 if 语句,结合字符串方法 isspace()、isdigit()、isalpha()分别判断统计。

程序代码如下:

```
string=input("请输入要统计的字符串(回车结束): ")
space_n,digit_n,letter_n,other_n=0,0,0,0
for x in string:
    if x.isspace():
        space_n+=1
    elif x.isdigit():
        digit_n+=1
    elif x.isalpha():
        letter_n+=1
    else:
        other_n+=1
print('空格个数是: ',space_n)
print('数字个数是: ',digit_n)
print('字母个数是: ',letter_n)
print('其他字符个数是: ',other_n)
```

4.3 循环控制辅助语句

循环结构中用来辅助控制循环执行的语句有 break 和 continue。

4.3.1 break 语句

在 for 或 while 循环体的执行过程中，当满足某个条件，需要中止当前循环跳出循环体时，就使用 break 语句实现这个功能。此时，break 语句结束了整个还没有执行完的循环过程，而不考虑此时循环体的条件是否成立。

注意：如果存在循环嵌套，break 语句只停止执行它所在层的循环，但仍然继续执行外层循环体。

4.3.2 continue 语句

continue 语句用来跳过当前这一轮循环的剩余语句，继续进行下一轮循环。对于 while 循环，执行 continue 语句会返回循环开始处判断循环条件。而对于 for 循环，则接着遍历循环列表。

break 语句和 continue 语句的结构如图 4-2 所示。

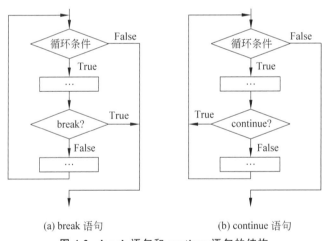

(a) break 语句　　　　　　　　(b) continue 语句

图 4-2　break 语句和 continue 语句的结构

【例 4-7】 搜索字符串"鲁豫皖"，遇到字符"豫"时，分别采用 break 语句或 continue 语句中断，观察结果。

程序代码如下：

```
for s in "鲁豫皖":
    if s=="豫":
        break
    print(s,end="")                    #结果为"鲁"
print("")
```

```
for t in "鲁豫皖":
    if t=="豫":
        continue
    print(t,end="")                          #结果为"鲁皖"
```

上面程序中,同样是搜索字符串"鲁豫皖",当遇到"豫"时,采用 break 语句和 continue 语句的结果不一样。break 语句的功能是结束整个循环体,不再继续,所以对字符串"鲁豫皖"遍历到"豫"时即停止,只输出了前面的"鲁"字。而 continue 语句只是结束当前这次循环,跳过字符"豫",继续后面的遍历,所以输出结果是"鲁皖"。

4.4 循环的嵌套

当一个循环体内又包含了循环结构时,这种结构称为循环嵌套。循环嵌套对 while 循环和 for 循环语句都适用。例如,可以在 while 循环中嵌入 for 循环,也可以在 for 循环中嵌入 while 循环。

注意:使用嵌套循环时,内循环控制变量与外循环变量不能同名,并且外循环必须完全包含内循环,不能相互交叉。

【例 4-8】 打印九九乘法表。

分析:可采用循环嵌套实现九九乘法表的打印。用外层循环变量 i 控制每行的输出:"i in range(1,10)";内层循环变量 j 控制每行内各个等式的输出:"j in range(1,10)"。除了循环流程,还要考虑到乘法表每个等式的打印位置,即利用 print 的格式化输出来组合每个等式,用"end=' '"来保证每行内各个等式连续输出不换行,当内层循环结束后执行 print()实现输出换行。

程序代码如下:

```
for i in range(1,10):
    for j in range(1,10):
        print('%d*%d=%2d  '%(i,j,i*j),end='')
    print()
```

程序运行结果如下:

```
1*1= 1  1*2= 2  1*3= 3  1*4= 4  1*5= 5  1*6= 6  1*7= 7  1*8= 8  1*9= 9
2*1= 2  2*2= 4  2*3= 6  2*4= 8  2*5=10  2*6=12  2*7=14  2*8=16  2*9=18
3*1= 3  3*2= 6  3*3= 9  3*4=12  3*5=15  3*6=18  3*7=21  3*8=24  3*9=27
4*1= 4  4*2= 8  4*3=12  4*4=16  4*5=20  4*6=24  4*7=28  4*8=32  4*9=36
5*1= 5  5*2=10  5*3=15  5*4=20  5*5=25  5*6=30  5*7=35  5*8=40  5*9=45
6*1= 6  6*2=12  6*3=18  6*4=24  6*5=30  6*6=36  6*7=42  6*8=48  6*9=54
7*1= 7  7*2=14  7*3=21  7*4=28  7*5=35  7*6=42  7*7=49  7*8=56  7*9=63
8*1= 8  8*2=16  8*3=24  8*4=32  8*5=40  8*6=48  8*7=56  8*8=64  8*9=72
9*1= 9  9*2=18  9*3=27  9*4=36  9*5=45  9*6=54  9*7=63  9*8=72  9*9=81
```

如果把内循环 for j in range(1,10)的遍历范围终止值由常量 10 改为变量 i+1,则输

出的乘法表由矩形变为三角形,效果如下:

```
1*1= 1
2*1= 2  2*2= 4
3*1= 3  3*2= 6  3*3= 9
4*1= 4  4*2= 8  4*3=12  4*4=16
5*1= 5  5*2=10  5*3=15  5*4=20  5*5=25
6*1= 6  6*2=12  6*3=18  6*4=24  6*5=30  6*6=36
7*1= 7  7*2=14  7*3=21  7*4=28  7*5=35  7*6=42  7*7=49
8*1= 8  8*2=16  8*3=24  8*4=32  8*5=40  8*6=48  8*7=56  8*8=64
9*1= 9  9*2=18  9*3=27  9*4=36  9*5=45  9*6=54  9*7=63  9*8=72  9*9=81
```

思考:如果把 print('%d * %d=％2d ' ％ (i,j,i * j),end="")中的(i,j,i * j)修改成(j,i,i * j),输出内容又有何改变?

【**例 4-9**】 输出 2～100 的所有素数。

分析:素数是一个只能被 1 和它本身整除的整数。判断一个整数 num 是否为素数,一个简单的方式就是用 num 逐个除以 2～num－1 的每个整数,只要有一个可以整除,则说明 num 不是素数;如果全部不能整除,则说明 num 是素数。判断一个整数是否是素数需要用一个循环结构,判断多个整数是否是素数,就需要用循环嵌套来实现。

程序代码如下:

```
for num in range(2,101):    #此循环实现对 2~100 的每个整数进行判断
    i=2
    while(i<=num-1):        #此循环判断某一个 num 是否是素数
        if num %i==0:
            break           #当前整数不是素数,跳出内循环开始判断下一个整数
        i+=1
    else:                   #由 i 递增到 i=num,循环正常结束,得出结论"是素数"
        print(num,"是素数")
```

本例中,判断某一个整数是否是素数的 while 循环条件除了 i<=num－1 以外,还可以是 i<=(num/2)或者 i<=math.sqrt(num)。

4.5 应用实例

【**例 4-10**】 我国数学家张丘建在其著作《算经》一书中提出了"百鸡问题":"鸡翁一值钱 5,鸡母一值钱 3,鸡雏三值钱 1。百钱买百鸡,问鸡翁、母、雏各几何?"对于这个数学问题可列出数学方程如下:

$$Cock + Hen + Chick = 100$$
$$Cock \times 5 + Hen \times 3 + Chick/3 = 100$$

显然,这是一个不定方程,适合采用穷举法求解。依次取 Cock、Hen、Chick 值域中的一个值,代入方程式进行判断,如果满足条件即可得到答案。

程序代码如下:

```
#3个变量分别是公鸡cock、母鸡hen、鸡雏chick
cock=0
while cock<=20:                    #公鸡最多不可能大于20
    hen=0
    while hen<=33:                 #母鸡最多不可能大于33
        chick=100-cock-hen         #鸡雏的数量
        if cock*5+hen*3+chick/3==100:
            print("公鸡=%d,母鸡=%d,雏鸡=%d"%(cock,hen,chick))
        hen=hen+1
    cock=cock+1
```

思考：此例也可以采用 for 循环结构来解决，应如何编写程序代码？

注意：穷举法的基本思想是根据题目的部分条件确定答案的大致范围，并在此范围内对所有可能的情况逐一验证，直到全部情况验证完毕。

【例 4-11】 斐波那契数列(Fibonacci Sequence)又称黄金分割数列，因以兔子繁殖为例而引入，故又称"兔子数列"。斐波那契数列是指 1,1,2,3,5,8,13,21,34,…，在数学上，斐波那契数列以递推的方法定义如下：

$$f(1)=1, f(2)=1, \cdots, f(n)=f(n-1)+f(n-2) \quad (n \geqslant 3, n \in \mathbf{N})$$

编程时，可以设置数列前两项为 f1、f2，然后从第 3 项开始，运用递推公式 f3=f1+f2 先推出下一项的值，随后向后更新 f1 和 f2，即 f1=f2,f2=f3，再返回计算新的 f3=f1+f2。如此反复，依次递推得出所需项数的斐波那契数列。

程序代码如下：

```
n=eval(input("请输入斐波那契数列的项数n:"))
f1,f2,f3=1,1,0
print('%d\n%d'%(f1,f2))
for i in range(3,n+1):
    f3=f1+f2
    print(f3)
    f1=f2
    f2=f3
```

思考：代码中也可以不引入变量 f3，利用 f1、f2=f2,f1+f2 也能实现递推功能，应如何编写程序代码？

注意：递推是计算机中的一种常用算法，是指按照一定的规律来计算序列中的每项，通常是通过序列前面的一些项来推算出后续项的值。其思想是把一个复杂、庞大的计算过程转化为简单过程的多次重复。

【例 4-12】 "石头剪子布"是一种流传多年的猜拳游戏。简单明了的规则使游戏没有任何规则漏洞可钻，单次玩法比拼运气，多回合玩法比拼心理博弈，使这个古老的游戏同时拥有运气与技术两种特性，深受世界人民喜爱。

游戏规则：石头打剪刀，布包石头，剪刀剪布。互相克制的原则：剪子剪不动石头(石头胜利)；布被剪子剪开(剪子胜利)；石头被布包裹(布胜利)。如果双方出示了一样的手势,则为平局。通常一局游戏可能会被重复多次,以三局两胜或五局三胜来决定最终的胜负。

该游戏的编程过程描述如下。

(1) 游戏开始,计算机产生一个 1～3 的随机数,分别代表"石头""剪子""布"。

(2) 真人玩家输入自己出拳的名称。如果输入的不是"石头""剪子""布"中的一个,则提示重新输入;如果输入的是"石头""剪子""布",则分别与计算机值比较,判断此次输赢。

(3) 每次判断都统计有效出拳的次数,如果达到 3 次,则结束游戏。

完整程序代码如下:

```
from random import randint
idx=0
while True:
    x=randint(1,3)
    if x==1:
        machine="石头"
    if x==2:
        machine="剪子"
    if x==3:
        machine="布"
    man=input("输入你出的拳(石头、剪子、布),然后回车：")
    list1=["石头","剪子","布"]
    if (man not in list1):
        print("输入有误! 请重新输入!")
        idx-=1
    elif man==machine:
        print("计算机出了:"+machine+",-----平局!")
    elif (man=='石头' and machine=='剪子') or (man=='剪子' and machine=='布') \
        or (man=='布' and machine=='石头'):
        print("计算机出了:"+machine+",-----你赢了!")
    elif (man=='剪子' and machine=='石头') or (man=='布' and machine=='剪子') \
        or (man=='石头' and machine=='布'):
        print("计算机出了:"+machine+",-----你输了!")
    idx+=1
    if idx==3:
        print("----------------------------")
        print("已经有效出拳 3 次,游戏结束。")
        break
```

程序执行结果如下:

```
输入你出的拳(石头、剪子、布),然后回车：布
计算机出了:剪子,-----你输了!
```

```
输入你出的拳(石头、剪子、布),然后回车:剪刀
输入有误!请重新输入!
输入你出的拳(石头、剪子、布),然后回车:剪子
计算机出了:布,-----你赢了!
输入你出的拳(石头、剪子、布),然后回车:石头
计算机出了:石头,-----平局!
--------------------------
已经有效出拳 3 次,游戏结束。
>>>
```

【例 4-13】 选择排序(Selection Sort)。选择排序是一种简单、直观的排序算法,它的算法流程是每次从待排序的数据元素中选出最小(或最大)的元素,存放在序列的起始位置,然后从剩余未排序元素中继续寻找最小(或最大)的元素,存放到已排序序列的末尾。以此类推,直到全部待排序的数据元素排序完成。

本例对列表[5,6,3,8,7,1]中的元素从小到大进行选择排序,程序代码如下:

```
a=[5, 6, 3, 8, 7, 1]
print("原始列表是: ")
print(a)
n=len(a)
for i in range(n-1):                #对 n 个数据排序要进行 n-1 轮挑选
    for j in range(i+1, n):         #在剩余的数据中寻找最小数据
        if a[j]<a[i]:
            a[i],a[j]=a[j],a[i]     #把找到的最小数据放置到前面
print("从小到大的排序结果为: ")
print(a)
```

【例 4-14】 冒泡排序(Bubble Sort)。冒泡排序的过程就像气泡不断从水里冒出来,最大的先出来,次大的第二出来,最小的最后出来。冒泡排序算法的流程如下。

(1) 从第一个数开始,比较相邻的数。如果第一个数比第二个数大,就交换两者的位置。

(2) 对每一对相邻数都进行两两比较,直到剩余的最后一对,执行完此轮的两两比较后,最大数已经"沉底"(被交换到了最下面)。

(3) 除了上一轮挑出的最大数以外,对剩余的数重复步骤(1)和步骤(2),进行新一轮两两比较,再挑出一个次大数。

(4) 依此类推,n 个数共进行 $n-1$ 轮两两比较,数字从大到小依次"沉底"后,数列已按照递增次序排列。

程序代码如下:

```
a=[5, 6, 3, 8, 7, 1]
print("原始列表是")
print(a)
```

```
n=len(a)
for i in range(n-1):                    #对n个数据排序要进行n-1轮排序
    for j in range(0,n-1-i):
    #每轮排序都从第一个数开始两两比较,且每轮排序要减少一个数据
        if a[j]>a[j+1]:
            a[j], a[j+1]=a[j+1], a[j]   #交换相邻数据
print("从小到大排序后结果为")
print(a)
```

选择排序和冒泡排序等经典的排序算法一般仅作为学习、研究使用,在实际应用中,常常使用 Python 内置的列表排序法进行编程排序,程序代码精简、运行时间短、效率高。

习题 4

扫码答题

一、简答题
1. Python 中的循环语句有哪些？写出各循环语句的格式。
2. 什么情况下要使用循环语句？
3. 循环结构中的死循环是什么？是怎样造成的？应如何中止？
4. 循环嵌套结构中,不同层次的循环可以使用相同的循环控制变量吗？
5. 循环控制保留字 break 和 continue 有什么区别？

二、选择题
1. 下列选项中,可以终结一个循环体的保留字是(　　)。
   A. exit   B. if   C. break   D. continue
2. 下列针对 while 的描述中,不正确的是(　　)。
   A. while 可提高程序的复用性
   B. while 能够实现无限循环
   C. while 循环体里的语句可能会造成死循环
   D. while 循环必须提供循环次数
3. 如果执行 for i in range(0,10,2)语句,则循环体执行次数是(　　)。
   A. 3   B. 4   C. 5   D. 6
4. 下列选项,能够中断 Python 程序运行的是(　　)。
   A. F6 键   B. Ctrl+C 组合键
   C. Ctrl+Break 组合键   D. Ctrl+Q 组合键
5. 关于 Python 循环结构,以下选项中描述错误的是(　　)。
   A. 每个 continue 语句只能跳出当前层次的循环
   B. break 用来跳出所在层 for 或者 while 循环
   C. 遍历循环 for 中的遍历结构可以是字符串、文件和 range()函数等
   D. 通过 for、while 等保留字提供遍历循环和无限循环结构

三、填空题
1. 对于带有 else 子句的 while 循环语句,如果是因为循环条件不满足而自然结束的

循环,则 else 子句中的代码_____。

2. while 循环结构中,可以通过设置条件表达式永远为_____实现无限循环。

3. 在循环语句中,循环控制保留字_____的作用是提前进入下一轮循环。

4. 语句 for i in range(1,10,3):print(i,end=',')的输出结果为_____。

5. _____语句是 else 语句和 if 语句的组合。

四、编程题

1. 编程计算数列 1!+2!+3!+…+10!的结果。

2. 编程计算 1、2、3、4 这 4 个数字能组成多少个互不相同且无重复数字的三位数,并输出结果。

3. 打印输出所有的水仙花数。所谓水仙花数,是指一个三位数,其各位数字立方和等于该数本身。例如,153 是一个水仙花数,因为 $153=1^3+5^3+3^3$。

4. 用辗转相除法求两个自然数的最大公约数、最小公倍数。

5. 利用公式

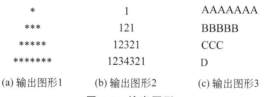

求圆周率的近似值,直到公式中某一项的绝对值小于 10^{-6} 为止(该项的值不参与计算)。

6. 求 100~999 中最大的 3 个素数。

7. 现有一个字符串 c="Python is a programming language.",编程将字符串中的空格替换成下画线,输出字符串。

8. 编写程序随机产生 10 个学生的考试成绩(0~100 分),并对这 10 个学生的成绩从大到小排序,分别显示排序前、排序后的结果。

9. 利用循环结构的 for 语句或 while 语句输出图 4-3 所示图形。

```
    *              1            AAAAAAA
   ***            121            BBBBB
  *****          12321            CCC
 *******        1234321            D
(a) 输出图形1   (b) 输出图形2   (c) 输出图形3
```

图 4-3 输出图形

第 5 章　turtle 库

turtle 库诞生于 1966 年,是基于 LOGO 编程语言的图形绘制函数库,将较为枯燥的程序设计形象化,能在发现和探索中学习编程,强调创造性的探索和计算思维的训练。由于其简单直观、容易掌握,后来被 Python 引入,成为 Python 的一个标准库。

5.1　运行环境设置

使用 turtle 库绘制图形的过程如下:首先设置画布的大小,然后让一只小乌龟(画笔)在其中按照坐标爬行,其爬行轨迹就形成了绘制的图形。对于小乌龟而言,有前进、后退、旋转等爬行行为,其爬行方向包括前进、后退、左侧、右侧。

刚开始绘制时,小乌龟位于画布的正中央,此处的坐标为(0,0),画布就是 turtle 库中设置的绘图区域,可以定义它的大小和初始位置。具体设置格式有以下两种(单独、同时使用均可)。

(1) turtle.screensize(width,height,bg):参数分别为画布的宽、高、背景颜色。其中,宽和高的单位均为像素。

(2) turtle.setup(width,height,startx,starty):参数 width 和 height 分别表示宽和高,为整数时,表示像素;为小数时,表示占据计算机屏幕的比例。参数 startx 和 starty 分别表示距离屏幕左上角顶点的横向和纵向距离,如果同时为空,则窗口位于屏幕中心。

例如:

```
turtle.screensize(800,600,"green")
```

表示设置宽 800 像素、高 600 像素、背景色为绿色的画布,位置在屏幕中央。其中常用的背景色有 white(白色)、black(黑色)、grey(灰色)、darkgreen(深绿色)、gold(金色)、violet(淡紫色)、purple(紫色)、red(红色)、blue(蓝色)等。

又如:

```
turtle.setup(width=400,height=300, startx=200, starty=100)
```

或

```
turtle.setup(400, 300, 200, 100)
```

表示设置宽 400 像素、高 300 像素的画布,其左上角距离屏幕左上角顶点的横向和纵向距离分别为 200 像素和 100 像素。

5.2 画笔设置

5.2.1 画笔基本参数

- turtle.pensize(width):设置画笔的宽度,单位是像素。
- turtle.pencolor(color):设置画笔颜色。如果没有参数传入,则返回当前画笔颜色。可以是字符串如 green、red,也可以是 RGB 三元组。
- turtle.colormode(n):设置 RGB 颜色三元组的模式,n=1(默认值)或 255,颜色三元组的(R,G,B)值必须在 0~n 的范围内。
- turtle.penup():抬起画笔,之后移动画笔不绘制图形。
- turtle.pendown():落下画笔,之后移动画笔将绘制图形。
- turtle.speed(speed):设置画笔移动速度。画笔移动的速度为[0,10]上的整数,speed 为正整数,实际速度为 1/speed 秒,speed=0 时速度最快。
- turtle.shape(name):设置画笔形状。参数 name 可以是 arrow、blank、circle、classic、square、triangle 和 turtle,分别表示箭头、空白、圆形、经典、方形、三角形和乌龟。默认形状是 classic(经典)。

5.2.2 画笔运动命令

- turtle.forward(distance):向当前画笔方向移动 distance 像素长度。
- turtle.backward(distance):向当前画笔相反方向移动 distance 像素长度。
- turtle.right(degree):顺时针移动 degree 角度。
- turtle.left(degree):逆时针移动 degree 角度。
- turtle.goto(x,y):将画笔移动到坐标为(x,y)的位置。
- turtle.circle():画圆,半径为正(负)数,表示圆心在画笔的左边(右边)。
- turtle.setx():将当前 x 轴移动到指定位置。
- turtle.sety():将当前 y 轴移动到指定位置。
- turtle.setheading(angle):设置当前朝向为 angle 角度。
- turtle.home():设置当前画笔位置为原点,朝向东。
- turtle.dot(r):绘制一个指定直径和颜色的圆点。

需要注意绝对角度和相对角度的区别:绝对角度是相对于画布而言的,因为画布是静止不动的,所以以画布为中心构建的角度坐标系的角度是不会发生变化的,例如 90°是指正北方向。turtle.seth(angle)函数中的角度就是绝对角度;相对角度是以画笔本身的方向为中心建立的角度坐标系的角度,是时刻在变动的,例如 turtle.left(angle)、turtle.right(angle)中的角度就是相对角度。

5.2.3 画笔控制命令

- turtle.fillcolor(colorstring):绘制图形的填充颜色。
- turtle.color(color1,color2):同时设置 pencolor=color1、fillcolor=color2。
- turtle.filling():返回当前是否在填充状态。
- turtle.begin_fill():准备开始填充图形。
- turtle.end_fill():填充完成。
- turtle.hideturtle():隐藏画笔的 turtle 形状。
- turtle.showturtle():显示画笔的 turtle 形状。
- turtle.Pen():定义多支画笔。例如,a=turtle.Pen(),以后可以使用 a.goto(x,y) 等函数进行绘图。
- onscreenclick():监听鼠标在画布上按下事件,一旦事件发生,就会调用以函数参数形式传入的处理函数。例如:

```
import turtle
def show(x,y):
    print(x,y)
turtle.onscreenclick(show)
```

- turtle.write(s [,font=("font_name",font_size,"font_type")]):写文本,s 为文本内容,font 是字体的参数,font_name、font_size 和 font_type 分别为字体名称、大小和类型。font 参数为可选项,font_name、font_size 和 font_type 也是可选项。

5.3 应用实例

【例 5-1】 绘制太阳花,如图 5-1 所示。

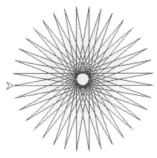

图 5-1 太阳花

编程思路：如图 5-2 所示，从起点开始，默认方向是正东 0°，第一次使画笔移动 200 像素，以当前角度向左（逆时针）方向偏移 170°，并沿此方向使画笔第二次移动 200 像素，以此类推，循环 36 次回到原点，填充图形。

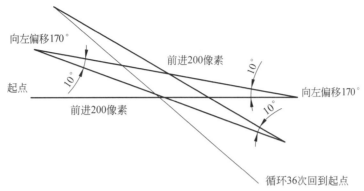

图 5-2　太阳花绘制原理

程序代码如下：

```
import turtle
turtle.color("red", "yellow")        #设置画笔和填充颜色
turtle.begin_fill()                  #开始
for i in range(36):                  #36 次循环
    turtle.forward(200)              #前进 200 像素
    turtle.left(170)                 #向左偏移 170°
turtle.end_fill()                    #填充
turtle.mainloop()                    #启动事件循环
```

【例 5-2】　绘制五角星，如图 5-3 所示。

图 5-3　五角星

程序代码如下：

```
import turtle
turtle.pensize(5)                    #设置画笔宽度
turtle.colormode(255)                #设置三元组数据模式为 0~255
turtle.pencolor(255,255,0)           #设置画笔颜色
turtle.fillcolor(255,0,0)            #设置填充颜色
turtle.begin_fill()
for i in range(5):
```

```
        turtle.forward(200)
        turtle.right(144)                              #向右偏转144°
turtle.end_fill()
turtle.penup()                                         #抬起画笔
turtle.goto(70,-140)                                   #定位
turtle.color("violet")                                 #设置颜色
turtle.write("Done", font=('Arial', 20, 'normal'))     #写文字
turtle.mainloop()
```

【例5-3】 绘制旋转的正方形,如图5-4所示。

编程思路：如图5-5所示,首先从第一个起点开始移动画笔,向左偏转90°,循环4次,绘制完成第一个正方形。将画笔移动到第二个起点,向左偏转45°,绘制第二个正方形。这样循环8次即可。

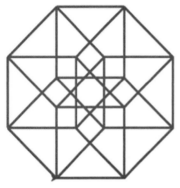
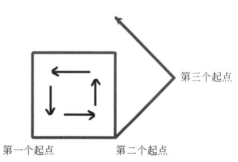

图5-4 正方形的旋转　　　　　　图5-5 正方形的旋转编程思路

程序代码如下：

```
from turtle import *
d=120
setup(800,600,300,400)          #设置图形边界
turtle.colormode(1)             #设置三元组数据模式为0~1
turtle.pencolor(1,0,0)          #设置画笔颜色
pensize(4)
for i in range(8):              #大循环8次
    for j in range(4):          #小循环4次
        forward(d)
        left(90)
    penup()
    forward(d)
    pendown()
    left(45)
```

【例5-4】 绘制空心五角星,如图5-6所示。

编程思路：如图5-7所示,首先绘制第一个三角形,从第一个起点开始,初始角度$A=0°$,移动$d=100$,再向左偏转108°,移动$d_1=1.618d$,再向左偏转144°,移动$d_1=1.618d$,完成第一个三角形的绘制,并填充。角度不变,抬起笔,沿着上次的角度前进$d=100$,落下笔,第二个起点确定,使$A=A+72°$,重复第一次的画法。这样循环5次,完成图形的绘制。

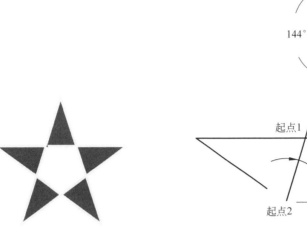

图 5-6　空心五角星　　　　　图 5-7　空心五角星的编程思路

程序代码如下：

```
from turtle import *
d=100
d1=d*1.618
setup(800,600,300,200)
pensize(8)
color('yellow','red')
A=0
for i in range(5):
    seth(A)                    #设置绝对角度
    begin_fill()
    forward(d)                 #前进 100 像素
    left(108)                  #左偏转 108°
    forward(d1)                #前进 161.8 像素
    left(144)                  #左偏转 144°
    forward(d1)                #前进 161.8 像素
    end_fill()                 #填充
    up()                       #抬笔
    forward(d)                 #沿着最后的角度前进 100 像素
    down()                     #笔落下
    A=A+72                     #改变初始角度,5 次刚好 360°
```

【例 5-5】　绘制六边形，如图 5-8 所示。

图 5-8　六边形

编程思路：分为两个步骤，第 1 步参照例 5-4 五角星的代码画出 6 个三角形并填充，第 2 步是将画笔移动到中心，分别画出 6 个三角形并填充。

程序代码如下：

```
from turtle import *
d=100
setup(800,600,300,400)
pensize(8)
color('yellow','red')
A=0
for i in range(6):
    seth(A)
    begin_fill()
    forward(d)
    left(120)
    forward(d)
    left(120)
    forward(d)
    end_fill()
    up()
    forward(d)
    down()
    A=A+60
#移动到中心
up()
left(120)
forward(d)
#调整方向
color('yellow','green')
down()
A=0
for i in range(6):
    seth(A)
    left(60)
    begin_fill()
    forward(d)
    left(120)
    forward(d)
    left(120)
    forward(d)
    end_fill()
    A=A+60
```

【例 5-6】 定义三支画笔，设置不同颜色和形状，以中心为起点，相互角度为 120°，前进 200 像素。

程序代码如下：

```
from turtle import *
a=Pen('circle')            #圆形
b=Pen('square')            #方形
c=Pen('turtle')            #乌龟
```

```
a.color('red')
b.color('blue')
c.color('green')
a.seth(0)
b.seth(120)
c.seth(240)
for i in range(200):
    a.fd(1)
    b.fd(1)
    c.fd(1)
```

程序运行结果如图 5-9 所示。

图 5-9 例 5-6 运行结果

习题 5

扫码答题

一、简答题

1. turtle 库有什么作用？
2. turtle 库的画布如何设置？
3. turtle 库的直线和圆如何绘制？
4. turtle 库如何进行图形填充？
5. turtle 库中如何书写文字？

二、选择题

1. 画笔抬起函数是（　　）。

　　A. penup()　　　　B. pendown()　　　C. pentop()　　　　D. pensize()

2. 画笔落下函数是（　　）。

　　A. penup()　　　　B. pendown()　　　C. pentop()　　　　D. pensize()

3. 画笔前进函数 forward() 内的距离参数单位是（　　）。

　　A. 厘米　　　　　B. 毫米　　　　　　C. 英寸　　　　　　D. 像素

4. 画布的默认原点(0,0)在画布的（　　）。

　　A. 左上角　　　　B. 右下角　　　　　C. 中心　　　　　　D. 左下角

5. 画笔宽度设置函数是（　　）。

　　A. penup()　　　　B. pensize()　　　　C. setup()　　　　　D. pencolor

6. turtle.setheading(30)表示该点(　　)。
   A. 左前上方 30°　　　　　　　　B. 右前上方 30°
   C. 左前下方 30°　　　　　　　　D. 右前下方 30°
7. turtle.left(30)表示相对当前方向(　　)。
   A. 顺时针改变 30°　　　　　　　B. 逆时针改变 30°
   C. 顺时针改变 60°　　　　　　　D. 逆时针改变 60°
8. turtle.fillcolor(colorstring)表示(　　)。
   A. 绘制图形的边框颜色　　　　　B. 画布颜色
   C. 画笔颜色　　　　　　　　　　D. 绘制图形的填充颜色
9. turtle.color(color1,color2)中的 color1 表示(　　)。
   A. 画笔颜色　　B. 填充颜色　　C. 画布颜色　　D. 文字颜色
10. turtle.color(color1,color2)中的 color2 表示(　　)。
    A. 画笔颜色　　B. 填充颜色　　C. 画布颜色　　D. 文字颜色

三、填空题

1. 画布尺寸设置函数是_____。
2. 画笔抬起函数是_____。
3. 画笔尺寸设置函数是_____。
4. 画笔前进函数是_____。
5. 绝对角度设置函数是_____。
6. 画布的角度坐标系以_____为原点。
7. 画布内部的距离单位是_____。
8. 隐藏画笔的 turtle 形状函数是_____。
9. 显示画笔的 turtle 形状函数是_____。
10. 画圆命令是_____。

四、编程题

1. 编写程序绘制太极图,如图 5-10 所示。
2. 编写程序绘制爱心祝福图形,如图 5-11 所示。

图 5-10　太极图

图 5-11　爱心祝福图形

3. 编程绘制正弦函数和余弦函数,要求定义两支画笔同时绘制,设置画布为(800,400),起点为(-300,0),单边高度为100像素,如图5-12所示。

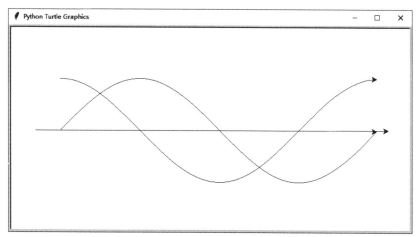

图 5-12　绘制三角函数

第 6 章　序列、集合、字典和 jieba 库

计算机不但要处理单个变量,而且要对一组数据进行批量处理。如果一组数据元素之间有先后关系,通过索引访问,则称为序列。Python 的序列包括字符串、列表和元组。无序的一组数据构成集合,字典是包含多个键值对的集合。jieba 库是一个重要的第三方中文分词函数库。本章主要介绍序列、集合、字典等数据类型及 jieiba 库的使用。

6.1　序列

序列类型中的多个数据有先后关系,可通过索引访问序列的特定元素。Python 的序列包括字符串、列表和元组,列表和元组的元素类型可以不一致。序列类型如表 6-1 所示。

表 6-1　序列类型

序列	特点	示例
字符串(str)	元素为字符	s='I am ok!'
列表(list)	元素可更改的序列类型,用方括号括起,多元素之间用逗号隔开	L=['a','b','c','d',3,4]
元组(tuple)	元素不可更改的序列类型,圆括号(可省)括起,多元素之间用逗号隔开	season=('春','夏','秋','冬')

序列元素可通过索引访问,第一个元素的索引为 0,第二个元素的索引为 1,依此类推。也可反向访问,反向的索引序号为负数,如最后一个元素的索引为 -1,倒数第二个元素的索引为 -2。序列的索引示意如表 6-2 所示。

表 6-2　序列的索引示意

正向索引	0	1	2	3
season	春	夏	秋	冬
反向索引	-4	-3	-2	-1

6.1.1 序列的通用操作

1. 序列通用操作符

序列通用操作符如表 6-3 所示。

表 6-3 序列通用操作符

操 作 符	描 述
x in s	如果 x 是序列 s 的元素,则返回 True,否则返回 False
x not in s	如果 x 是序列 s 的元素,则返回 False,否则返回 True
$s+t$	连接两个序列 s 和 t
$s*n$ 或 $n*s$	将序列 s 复制 n 次
$s[i]$	索引,返回 s 中的第 i 个元素,i 是序列的序号
$s[i:j]$ 或 $s[i:j:k]$	切片,返回序列 s 中第 $i \sim j-1$ 以 k 为步长的元素子序列

取一个列表或元组的部分元素的操作非常常见,在其他语言中,通常通过循环来完成,而 Python 提供了独特的切片操作。切片指表 6-3 中最后一项,语法格式如下:

序列名[start:stop:step]

- start 和 stop 都是可选的,如果没有提供或者用 None 作为索引值,start 默认从序列的开始处开始,stop 默认在序列的末尾结束。
- start(开始索引):第一个索引的值是 0,最后一个索引的值是 -1。
- stop(结束索引):切片操作符将取到该索引为止,但不包含该索引的值。
- step(步长):默认是 1,即逐个切取。如果为 2,则表示隔 1 取 1。步长为正数时,表示从左向右取;步长为负数时,表示从右向左取,如果为 -1 表示从最后一位开始取。步长不能为 0。

```
>>>L=['a','b','c','d','e', 'f']
>>>L[1:3]            #从第1位开始,到第3位结束,不包括第3位,即第1、2位
['b', 'c']
>>>L[1:2]            #从第1位开始,到第2位结束,不包括第2位
['b']
>>>L[:2]             #从第0位开始,到第2位结束
['a', 'b']
>>>L[-2:]            #从倒数2位开始到结束
['e', 'f']
>>>L[-2]             #倒数第2位
'e'
>>>L[0:-1:2]         #从第一位开始到结束,每隔两位取一个
['a','c','e']
>>>L[::-1]           #通过切片操作反转列表,相当于 L.reverse()
['f','e','d','c','b','a']
```

对于字符串，其他语言提供了求子串的函数，Python 中可以通过切片简单地实现求子串操作。例如：

```
>>>'ABCDEFG'[:3]
'ABC'
>>>'ABCDEFG'[::2]
'ACEG'
```

2. 序列的操作函数和方法

序列的操作函数和方法如表 6-4 所示。

表 6-4 序列的操作函数和方法

函数和方法	描 述
del(s) 或 del s	删除序列 s
len(s)	返回序列 s 的长度
min(s)	返回序列 s 的最小元素，s 中的元素要可比较
max(s)	返回序列 s 的最大元素，s 中的元素要可比较
s.index(x) 或 s.index(x,i,j)	返回序列 s 从 i 开始到 $j-1$ 位置中第一次出现元素 x 的位置
s.count(x)	返回序列 s 中出现 x 的总次数

例如：

```
>>>name=['张三','李四','王五','赵六','钱七']
>>>len(name)
5
>>>name.index('王五')
2
>>>name.count('赵六')
1
```

3. 序列类型之间的转换

列表、元组和字符串通过 list()、tuple() 和 str() 这 3 个函数相互转化，但是有一个例外：str() 不能真正将列表和元组转换为字符串，必须使用 join() 函数才能将列表和元组转换为字符串，例如：

```
>>>a=('欢迎','来郑大','赏花')
>>>str(a)
"('欢迎', '来郑大', '赏花')"
>>>''.join(a)                    #用空串连接各元素
'欢迎来郑大赏花'
```

6.1.2 列表

列表是可修改的序列,其长度和内容都可变,可进行插入、删除、更改操作。列表元素使用"[]"括起,元素之间使用","分隔。列表类似于其他高级语言如 C、Java 中的数组,但是更灵活,列表元素个数不需要预先定义,列表元素的数据类型也可以不一致。列表属于序列,因此序列的操作符和函数对列表都有效。

```
>>>x=[]                          #x 为空列表
>>>y=['a']                       #y 为只包含一个元素的列表
>>>z=['a','b','c',[1,2,3],'d']   #z 为嵌套的列表
>>>m=[1,2,3,4,5,6,7,8,9,10]
>>>p=m                           #p 和 m 指向同一个列表,p 值的改变会导致 m 值改变,反之亦然
>>>q=m[2:5]                      #q=[3,4,5],q 为一个新列表,和 m 没有关系
>>>k=list(range(1,6))            #k=[1,2,3,4,5]
```

也可以使用 list()函数将元组或字符串转换为列表。列表的操作符和方法如表 6-5 所示。

表 6-5 列表的操作符和方法

函数和方法	描 述
s.append(obj)	在列表 *s* 末尾添加新的对象 obj
s.clear()	删除 *s* 中所有元素
s.extend(*t*)	在列表 *s* 末尾一次性追加另一个序列 *t* 中的多个值(用新列表扩展原来的列表),也可写为 *s*=*s*+*t* 或 *s*+=*t*
s.insert(index,obj)	将对象 obj 插入列表 *s* 的第 index 元素所在处
s.pop(index=-1)	移除列表 *s* 中 index 对应的元素(默认为最后一个元素),并且返回该元素的值
s.remove(obj)	移除列表 *s* 中某个值的第一个匹配项
s.reverse()	将列表 *s* 中的元素反转
s.sort([func])	对原列表进行排序,可以指定排序函数 func()

1. 修改元素

修改元素的示例代码如下:

```
>>>m=[1,2,3,4,5]
>>>m[4]=11        #修改了一个元素,m=[1,2,3,4,11]
>>>n=['a','b']
>>>m[2:3]=n       #m[2:3]指定 1 个元素,而 n 中有 2 个元素,结果是 m 中多了 1 个元素
>>>m
[1,2,'a','b',4,11]
>>>t=[7]
>>>m[3:5]=t       #m[3:5]指定 2 个元素,而 t 只有 1 个元素,结果是 m 中少了 1 个元素
>>>m
[1,2,'a',7,11]
```

2. 添加元素

（1）末尾添加元素。使用 append 方法将元素添加到结尾，也可以使用"＋"或 extend 方法将列表直接添加到列表结尾，例如：

```
>>>m=[1,2,3,4,5]
>>>m.append(11)              #m=[1,2,3,4,5,11]
>>>n=['a','b']
>>>m=m+n                     #m=[1,2,3,4,5,11,'a','b']
>>>m.extend(n)               #m=[1,2,3,4,5,11,'a','b','a','b']
```

（2）中间插入元素。中间插入元素使用 insert 方法，例如：

```
>>>m=[1,2,3,4,5]
>>>m.insert(2,7)
>>>m
[1,2,7,3,4,5]
```

3. 删除元素

（1）根据索引删除元素可使用 pop 方法或者 del 语句，例如：

```
>>>m=[1,2,3,4,5]
>>>m.pop(3)                  #删除第4个元素，索引为3
4
>>>m
[1,2,3,5]
>>>del m[2:3]                #使用 del 语句删除元素
>>>m
[1,2,5]
```

（2）根据元素值删除元素，例如：

```
>>>m=[1,2,3,4,3,5]
>>>m.remove(3)               #删除列表中值为3的元素，只删除第一次出现的
>>>m
[1,2,4,3,5]
```

（3）删除列表 s 中所有元素，代码如下：

```
s.clear()
```

（4）删除列表 s，代码如下：

```
del s
```

或

```
del(s)
```

4. 列表排序

列表排序的示例代码如下:

```
>>>m=[5,1,3,2,4]
>>>m.sort()                  #排序
>>>m
[1,2,3,4,5]
```

注意:m.sort()方法没有返回值,如果想要把排序后的列表赋值给另一个列表,需要用到 Python 内置函数 sorted(),例如:

```
>>>m=[5,1,3,2,4]
>>>n=sorted(m)
>>>n
[1,2,3,4,5]
```

【例 6-1】 随机生成 10 个 0~100 的数字,打印其中的最小值,排序并对其反向排序。程序代码如下:

```
from random import *        #使用 random 需要添加该语句
a=[]                         #列表
for i in range(10):
    a.append(randint(0,100))
for j in range(10):
    print(a[j],end=' ')
print()
print(min(a))
a.sort()
print(a)
a.reverse()
print(a)
```

5. 二维列表及遍历

前面的修改元素、添加元素、删除元素及列表排序操作使用的是一维列表,下面介绍二维列表及其遍历,例如:

```
>>>grade=[['张三',88],['李四',92]]
>>>for i in range(len(grade)):          #一维遍历
       print(grade[i])

['张三',88]
['李四',92]
>>>for i in range(len(grade)):          #二维遍历
       for j in range(len(grade[i])):
           print(grade[i][j])
```

程序运行结果如下:

```
张三
88
李四
92
```

6.1.3 元组

元组又称只读列表,用"()"括起来,"()"可省略,元素之间使用","分隔。元组可以嵌套。因为元组不可改变,所以代码更安全。实际应用中,应尽量用元组代替列表。元组中不能使用 append()、insert()、pop()函数,其他获取元素的函数和列表是一样的。

```
>>>a=()                              #a 为空元组
>>>b=(3,)                            #b 为只包含一个元素的元组,逗号不能省略
>>>c=(3)                             #c 是一个变量,不是元组
>>>animal='cat','dog','rabbit','mouse','horse'
>>>t=('a','b','c',[1,2,'and'],'test')  #创建元组,元组包含了一个列表
>>>t[2]='e'                          #元组元素不能修改,会出错
>>>t[3][2]=t[3][2].upper()           #元素 t[3]是列表,列表内部的元素可以修改
>>>m=tuple(range(1,10))              #m=(1,2,3,4,5,6,7,8,9)
>>>n=tuple(range(5))                 #n=(0,1,2,3,4),range 默认从 0 开始
```

可以使用 tuple()函数将列表或字符串转换为元组,例如:

```
>>>d=tuple([1,2,3])
(1,2,3)
>>>e=tuple('test')
('t','e','s','t')
```

元组类型用于表达固定项,如多变量循环遍历、函数返回多个值。

1. 多变量赋值

Python 中有一种赋值机制即多变量赋值,采用这种方式赋值时,等号两边的对象都是元组,并且元组的"()"是可省略的。例如:

```
>>>x,y=4,5                           #多变量赋值,括号可省略
>>>x,y=y,x                           #交换 x,y 的值
>>>x,y
(5,4)
```

2. 多变量循环遍历

多变量循环遍历的示例代码如下:

```
>>>for i,j in((1,3),(2,4),(7,10)):   #多变量循环遍历
        print(i,j)
1 3
```

```
2 4
7 10
>>>x=(1,2,7);y=(3,4,10)
>>>for i,j in zip(x,y):           #zip将x和y的每个元素打包成元组
        print(i,j)
```

zip()函数会将序列拆分,将对象中对应的元素打包成一个个元组,然后返回由这些元组组成的列表。

注意:如果两个要打包的序列中,一个序列比较长,另一个序列比较短,则组合只会进行到短序列的最后一个元素,较长序列中多余的元素会被抛弃。

```
>>>str1="abc"
>>>str2="abcde"
>>>list(zip(str1, str2))
[('a', 'a'), ('b', 'b'), ('c', 'c')]
```

3. 函数中的多个返回值

```
>>>import math
>>>def move(x, y, step, angle=0):  #根据步长和角度从点(x,y)移动到新的点(nx,ny)
        nx=x+step*math.cos(angle)
        ny=y-step*math.sin(angle)
        return nx, ny              #函数中的多个返回值
```

元组的操作和序列的操作类似,此处不再赘述。

6.1.4 使用 range() 函数生成序列

range()函数的语法格式如下:

```
range(start,stop,step)
```

range()函数中只存储 start、stop 和 step 值,在需要时计算每个条目的值,可以很方便地生成列表和元组。与列表和元组相比,序列的优点是占用内存固定且较小。

1. 列表生成式

使用 list()或"[]"括起的包含 range 的表达式生成称为列表生成式。例如:

```
>>>list(range(1, 5))
[1, 2, 3, 4]
```

(1) 在 for 循环前加循环变量表达式生成列表,例如:

```
>>>[x*x for x in range(1, 5)]
[1, 4, 9, 16]
```

(2) 在后面加过滤条件,例如:

```
>>>[x*x for x in range(1, 11) if x %2==1]
[1, 9, 25, 49, 81]
```

(3) 两个循环变量示例:

```
>>>[m+n for m in 'AB' for n in 'XY']
['AX', 'AY', 'BX', 'BY']
```

2. 生成器

使用 range() 函数可以生成列表,但当列表元素较多时,需要占用较大的内存。Python 提供了一种边循环边计算的机制,称为生成器(generator)。

把一个列表生成式的"[]"改成"()",即可创建一个生成器。生成器保存的是算法,每次调用 next(g),就计算出 g 的下一个元素的值,直到计算到最后一个元素,没有更多的元素时,抛出 StopIteration 的错误。

```
>>>g=(x*x for x in range(1,5))    #g 为生成器,g 内部指针指向为 1
>>>next(g)                         #返回 1,g 内部指针修改为 4
>>>next(g)                         #返回 4,g 内部指针修改为 9
>>>for i in g:                     #因为 g 内部指针指向 9,所以只能输出 9 和 16
    print(i)
```

注意:生成器只能用一次,遍历 g 之后,再次遍历时,g 中无元素。

6.2 集合

集合是一个无序的不重复元素数据集。可以使用"{}"或 set() 函数创建集合,集合元素必须是固定数据类型(如整型、浮点型、字符串或元组等),列表、字典、集合本身都是可变数据类型,不能作为集合的元素。

生成集合的语法格式如下:

```
集合名={value01,value02,…}
```

注意:创建一个空集合必须用 set() 而不能用"{}",因为"{}"用来创建一个空字典,字典的相关内容将在 6.3 节中介绍。

集合的示例代码如下:

```
a={1,2,3}
b={'test',10,(20,'true'),8}
c=set('true')                    #c={'t','r','u','e'}
d=set(('男','女'))                #set 的参数可以是字符串或元组
e={'test',10,[20,'true'],8}      #出错,集合元素不能是列表
```

集合的基本运算包括并(|)、交(&)、差(-)、异或(^),如图 6-1 所示。

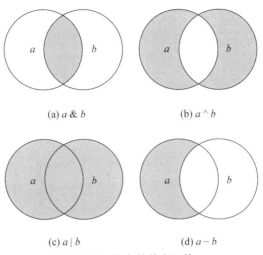

(a) $a\,\&\,b$ (b) $a\,\wedge\,b$

(c) $a\,|\,b$ (d) $a-b$

图 6-1 集合的基本运算

集合的基本运算示例代码如下：

```
>>>a={1,2,3,4}
>>>b={3,4,5,6}
>>>print(a&b)
{3,4}
>>>print(a|b)
{1,2,3,4,5,6}
>>>print(a-b)
{1,2}
>>>print(a^b)
{1,2,5,6}
```

集合的操作函数和方法如表 6-6 所示。

表 6-6 集合的操作函数和方法

函　　数	说　　明
s.add(x)	将元素 x 添加到集合 s 中
s.clear()	清空集合 s 里面的所有元素
s.copy()	复制集合 s
s.discard(x)	如果在集合 s 中存在元素 x，则删除
s.pop()	删除并且返回集合 s 中的一个不确定的元素，如果为空则引发 KeyError
s.isdisjoint(t)	判断两个集合是否相交
s.remove(x)	从集合 s 中删除元素 x，如果不存在则引发 KeyError
len(s)	求集合 s 的元素个数
x in s 或 x not in s	判定 x 是否在集合 s 中

集合不包含重复元素，可用于删除重复元素，例如：

```
>>>t=(1,2,3,2,4,1)
>>>t=set(t)
{1,2,3,4}
>>>1 in t
True
>>>for i in t:                    #遍历集合
      print(i)
```

运行结果如下(因为集合是无序的,所以结果不唯一):

```
1
2
3
4
```

6.3 字典

序列的元素依靠索引取得,字典的每个元素都是一对数据,称为键值对,可用于存储用户名和密码、联系人和电话号码等。在字典中,可以根据键查找到对应的值,字典的键不能重复。字典的键不能是列表、集合、字典等可变数据类型。

建立字典的语法格式如下:

d={key1:value1, key2:value2,…,key*n*:value*n*}

每个键值对之间用",""分开,键值对内部的键和值用":"分开。整个字典用"{}"括起,可以把字典看作键值对的集合。

字典的访问格式如下:

值=字典变量[键]

保存用户名和密码的字典的示例代码如下:

```
>>> #用户张三的密码为 123456……
>>>user_pass={'张三':'123456','李四':'888888','王五':'135791'}
>>>user_pass['张三']
'123456'
>>> #河南省的省会是郑州……
>>>pro_cap={'河南':'郑州','山西':'太原','陕西':'西安'}
>>>pro_cap['河南']
'郑州'
>>>a={}                                                    #空字典
```

6.3.1 字典的操作

字典的操作函数和方法如表 6-7 所示。

表 6-7 字典的操作函数和方法

函 数	说 明
s.keys()	返回字典 s 的所有键
s.values()	返回字典 s 的所有值
s.items()	返回字典 s 的所有键值对
s.get(key,<default>)	若 key 存在,则返回值;否则返回 default 值
s.pop(key,<default>)	若 key 存在,则返回值,删除键值对;否则返回 default 值
s.popitem()	从字典中取出一个键值对,以元组(key,value)形式返回
s.clear()	删除所有键值对
del s[key]	del s 删除字典 s,del s[key]删除 key 对应的键值对
key in s	key 存在则返回 True,否则返回 False

字典操作的示例代码如下:

```
>>>pro_cap={'河南':'郑州','山西':'太原','陕西':'西安'}
>>>pro_cap['湖北']='武汉'                    #添加字典元素
>>>print(pro_cap)
{'河南':'郑州','山西':'太原','陕西':'西安','湖北':'武汉'}
>>>pro_cap.get('山西')                       #查找 key 对应的 value
'太原'
>>>pro_cap.get('湖南','不知道')              #为了防止取不到,设置缺省值
'不知道'
>>>pro_cap.pop('山西')                       #删除元素
'太原'
>>>pro_cap.items()
dict(dict_items([ ('河南','郑州'), ('陕西','西安'), ('湖北','武汉') ])
>>>'湖北' in pro_cap
True
```

由于字典的键值相当于索引,所以对字典的遍历相当于对字典的索引进行遍历,例如:

```
>>>for i in pro_cap:                         #遍历字典
    print(pro_cap.get(i))
```

程序运行结果如下:

郑州
西安
武汉

6.3.2 字典和列表比较

使用汉语词典查找汉字时,可根据拼音查找或者按顺序逐页查找。

根据拼音查找类似于字典 dist 的查找,即根据 key 的值直接定位到对应的 value。字典中的 key 使用哈希算法可以得到一个唯一的值,这个值就是保存该 key 对应的 value 的地方,因此能够直接定位到 value。value 存放的顺序和 key 放入的顺序是没有关系的。不管字典多大,查找和插入速度都很快。字典可以用在需要高速查找的程序中。

逐页查找类似于列表 list 的查找,要查找列表中是否存在某个值,只能从第一个往后逐个查找。列表虽然可以根据索引找到对应的元素,但元素的值本身是无序的。列表查找和插入速度比字典慢,随着列表元素个数的增加,速度会逐渐减慢。

数据库表中的数据列如果没有建立索引,就类似于列表,对该列的查找只能从前往后找,建立了索引就类似于字典,虽然查找速度快,但是建立索引需要额外的空间。同样,字典中的 key 也同样需要占用额外的内存空间,每个 value 都需要一个 key,key 甚至和 value 占用同样多的内存,通过增加空间来减少查找时间,所以字典查找是用空间换取时间的一种查找方法。

6.4 jieba 库

对于英文句子来说,因为单词之间有空格,所以一个英文句子可以直接使用 split 将其进行分词,例如:

```
>>>'Hello! nice to meet you'.split()
['Hello! ','nice','to','meet','you']
```

但是 split()无法用于中文,因为中文的词语之间没有使用空格隔开。Python 没有内置的中文分词库,因此需要安装第三方的中文分词库。

jieba 是一个第三方中文分词库,可通过在命令行下运行 pip3 install jieba 安装。jieba 利用一个中文词库确定汉字之间的关联概率,汉字间关联概率大的组成词组,形成分词结果。除了分词,用户也可以添加自定义词组。

使用 jieba 库对"我在郑州大学学习"进行分词的代码如下:

```
>>>import jieba
>>>jieba.lcut('我在郑州大学学习')
['我','在','郑州大学','学习']
```

jieba 库支持 3 种分词模式。

(1) 精确模式：试图将句子最精确地切开，适合文本分析。

(2) 全模式：把句子中所有可以成词的词语都扫描出来，速度非常快，但是不能完全避免有歧义的词语。

(3) 搜索引擎模式：在精确模式的基础上，对长词再次切分，提高召回率，适用于搜索引擎分词。

jieba 库的分词方法如表 6-8 所示。

表 6-8　jieba 库的分词方法

函　　数	说　　明	返　回　值
jieba.lcut(s)	精确模式，将语句划分开	列表类型
jieba.lcut(s,cut_all=True)	全模式，输出文本 s 中所有可能的单词	
jieba.lcut_for_search(s)	搜索引擎模式，建立适合搜索引擎索引的分词结果	
jieba.cut(s)	精确模式，将语句划分开	可迭代的数据类型
jieba.cut(s,cut_all=True)	全模式，输出文本 s 中所有可能的单词	
jieba.cut_for_search(s)	搜索引擎模式，建立适合搜索引擎检索的分词结果	
jieba.add_word(w)	向分词词典中增加新词	

jieba 库分词函数的示例代码如下：

```
>>>import jieba
>>>jieba.lcut('《流浪地球》根据刘慈欣同名小说改编')              #精确模式
['《','流浪','地球','》','根据','刘慈欣','同名','小说','改编']
>>>jieba.add_word('流浪地球')                                #添加新词
>>>jieba.lcut('《流浪地球》根据刘慈欣同名小说改编')
['《','流浪地球','》','根据','刘慈欣','同名','小说','改编']
>>>jieba.lcut('《流浪地球》根据刘慈欣同名小说改编',cut_all=True)
['《','流浪','地球','》','根据','刘慈欣','同名','小说','改编']
>>>jieba.lcut_for_search('《流浪地球》根据刘慈欣同名小说改编')
['《','流浪','地球','流浪地球','》','根据','刘慈欣','同名','小说','改编']
```

cut 方法也可以返回一个可迭代数据类型，例如：

```
>>>for i in jieba.cut('学习 Python 真有趣'):
       print(i)
```

程序运行结果如下：

```
学习
Python
真
有趣
```

6.5 应用实例

6.5.1 词频分析

词频分析就是对某个或某些给定的词语在某文件中出现的次数进行统计分析。通过词频分析，可以判断文章覆盖的知识领域、作者的表达习惯、文章风格、文章的着重点等。

中文词频分析的基本原理是利用 jieba 库对文章进行分析。统计每个词出现的次数，建立词和出现次数的字典，然后按出现的次数从高到低排序，最后根据出现频率高的词对文章进行分析。

【例 6-2】 统计《唐诗三百首》中词语的出现次数。

注意：首先要保证所打开的文件是 UTF-8 编码，如果不是，可使用记事本另存为 UTF-8 编码。

UTF-8 是一种面向互联网传输出现的变长（1～4B）的字符 Unicode 编码，它兼容 ASCII 码，英文字符长度为 1B，汉字长度为 3B。

程序代码如下：

```
import jieba
with open('唐诗三百首.txt', 'r',encoding='utf-8') as fr:
    txt=fr.read();
words=jieba.lcut(txt)                       #精确模式分析,返回一个列表类型
counts={}                                   #生成一个空字典
for word in words:                          #统计每个词的个数
    counts[word]=counts.get(word,0)+1       #有则加 1,否则返回 0+1
items=list(counts.items())                  #返回所有的键值对
items.sort(key=lambda x:x[1],reverse=True)  #排序
for i in range(30):                         #打印前 30 个
    word,count=items[i]
    print("{0:<10}{1:>5}".format(word,count))  #word 左对齐,count 右对齐
```

部分统计结果如下：

	2610
，	1667
。	1478
	342
：	325
．	278
？	97
！	91
月	48
在	47

可以看出,排在前面的这些词的统计结果并没有意义,如标点、空格、没有意义的字等。这些词可以在统计前用空格替换,或者在统计之后从字典中删除,一般做法是将这些词收集起来,建立停用词表。常用的停用词表可以在网上下载。

【**例 6-3**】 加入停用词表统计《唐诗三百首》中词语的出现次数,并过滤掉长度为 1 字的词。

```
import jieba
#创建停用词列表函数,打开指定的停用词表文件并返回
def stopwordslist(filepath):
    stopwords=[line.strip() for line in open(filepath, 'r',\        #续行
    encoding='utf-8').readlines()]
    return stopwords
stopwords=stopwordslist('中文停用词.txt')         #加载停用词的路径
#首先要保证所打开的文件是UTF-8编码,如果不是,可使用记事本另存为UTF-8编码

with open('唐诗三百首.txt', 'r',encoding='utf-8') as fr:
    txt=fr.read();
words=jieba.lcut(txt)                            #精确模式分析,返回一个列表类型
counts={}                                        #生成一个空字典
for word in words:                               #统计每个词的个数
    if word not in stopwords:
        if len(word)!=1:                         #同时过滤长度为1字的词
            counts[word]=counts.get(word,0)+1
items=list(counts.items())                       #返回所有的键值对
items.sort(key=lambda x:x[1],reverse=True)       #排序
for i in range(30):                              #打印前30个
    word,count=items[i]
    print("{0}({1}),".format(word,count),end='')
```

程序执行结果如下:

杜甫(39),李白(36),王维(29),李商隐(24),孟浩然(17),万里(17),二首(14),不见(14),之二(13),故人(12),韦应物(12),琵琶(12),不知(12),将军(12),明月(11),长安(11),昨夜(11),无人(11),相思(11),春风(10),青山(10),刘长卿(10),杜牧(10),寂寞(9),王昌龄(9),可怜(9),风雨(9),芙蓉(9),君不见(9),三首(9)

6.5.2 加密和解密

rot13 是一个古老又简单的加密方法,它把字母表中前半部分字母映射到后半部分,而把后半部分字母映射到前半部分,大小写保持不变。也就是将 a～m 替换为 n～z,将 n～z 替换为 a～m。

rot13 加密和解密可以用同一个函数。

【例6-4】 编写rot13加解程序。

程序代码如下：

```
origin='abcdefghijklmnopqrstuvwxyzABCDEFGHIJKLMNOPQRSTUVWXYZ'    #原文字符串

cipher='nopqrstuvwxyzabcdefghijklmNOPQRSTUVWXYZABCDEFGHIJKLM'    #密文字符串

ocdist=dist(zip(origin,cipher))              #生成原文和密文对应的字典
srcStr=input('请输入原文:')
destList=[]                                  #密文字符列表
for ch in srcStr:
    destList.append(ocdist.get(ch,ch))       #没找到,则返回原来的ch
print('密文:'+''.join(destList))              #打印密文字符串
```

程序运行结果如下：

```
====================RESTART: D:/6.3.py====================
请输入原文:Hello,2019级同学!
密文:Uryyb,2019级同学!
>>>
====================RESTART: D:/6.3.py====================
请输入原文:Uryyb,2019级同学!
密文:Hello,2019级同学!
```

扫码答题

习题6

一、简答题

1. 序列包含哪几种类型？列表和元组的区别是什么？
2. 列表、元组和字符串如何互相转换？
3. 如何快速生成由1～10的平方值构成的列表？
4. 为什么字典查找速度比较快？
5. 什么是词频分析？中文词频分析的基本原理是什么？

二、选择题

1. 运行以下程序,输出的结果是(　　)。

```
print(" love ".join(["Everyday","Yourself","Python",]))
```

  A. Everyday love Yourself

  B. Everyday love Python

  C. love Yourself love Python

  D. Everyday love Yourself love Python

2. 给出如下代码：

```
TempStr="Hello World"
```

以下选项中，可以输出"World"子串的语句是（　　）。
  A. print(TempStr[－5：－1])   B. print(TempStr[－5:0])
  C. print(TempStr[－4：－1])   D. print(TempStr[－5:])

3. 以下代码的输出结果是（　　）。

```
a=[5,1,3,4]
print(sorted(a,reverse=True))
```

  A. [5,1,3,4]   B. [5,4,3,1]   C. [4,3,1,5]   D. [1,3,4,5]

4. 以下选项中，不是字典建立方式的是（　　）。
  A. d={[1,2]:1,[3,4]:3}   B. d={(1,2):1,(3,4):3}
  C. d={'张三':1,'李四':2}   D. d={1:[1,2],3:[3,4]}

5. 下列关于列表 ls 的操作选项中，描述错误的是（　　）。
  A. ls.clear()：删除列表 ls 的最后一个元素
  B. ls.copy()：生成一个新列表，复制列表 ls 的所有元素
  C. ls.reverse()：列表 ls 的所有元素反转
  D. ls.append(x)：在列表 ls 最后增加一个元素

6. 以下代码的输出结果是（　　）。

```
ls=list(range(1,4))
print(ls)
```

  A. {0,1,2,3}   B. [1,2,3]   C. {1,2,3}   D. [0,1,2,3]

7. 下列关于 Python 序列类型的通用操作符和函数的选项中，描述错误的是（　　）。
  A. 如果 x 不是 s 的元素，x not in s 返回 True
  B. 如果 s 是一个序列，s＝[1,"kate",True],s[3]返回 True
  C. 如果 s 是一个序列，s＝[1,"kate",True],s[－1]返回 True
  D. 如果 x 是 s 的元素，x in s 返回 True

8. 以下代码的输出结果是（　　）。

```
d={"大海":"蓝色","天空":"灰色","大地":"黑色"}
print(d["大地"],d.get("大地","黄色"))
```

  A. 黑色、灰色   B. 黑色、黑色   C. 黑色、蓝色   D. 黑色、黄色

9. 以下代码的输出结果是（　　）。

```
s=["seashell","gold","pink","brown","purple","tomato"]
print(s[1:4:2])
```

  A. ['gold','pink','brown']

B. ['gold','pink']

C. ['gold','pink','brown','purple','tomato']

D. ['gold','brown']

10. 以下代码的输出结果是(　　)。

```
a=[[1,2,3],[4,5,6],[7,8,9]]
s=0
for c in a:
    for j in range(3):
        s+=c[j]
print(s)
```

A. 0 B. 45

C. 24 D. 以上答案都不对

11. 关于函数的可变参数,可变参数 *args 传入函数时存储的类型是(　　)。

A. list B. set C. tuple D. dict

12. 以下代码的输出结果是(　　)。

```
s=["seashell","gold","pink","brown","purple","tomato"]
print(s[4:])
```

A. ['purple']

B. ['seashell','gold','pink','brown']

C. ['gold','pink','brown','purple','tomato']

D. ['purple','tomato']

13. 以下关于列表操作的描述中,错误的是(　　)。

A. 通过 append 方法可以向列表添加元素

B. 通过 extend 方法可以将另一个列表中的元素逐一添加到列表中

C. 通过 add 方法可以向列表添加元素

D. 通过 insert(index,object)方法在指定位置 index 前插入元素 object

14. 以下关于字典操作的描述中,错误的是(　　)。

A. del 用于删除字典或者元素

B. clear 用于清空字典中的数据

C. len 方法可以计算字典中键值对的个数

D. keys 法可以获取字典的值视图

15. 以下各项中,属于 Python 中文分词方向第三方库的是(　　)。

A. pandas B. beautifulsoup4

C. Python-docx D. jieba

16. 以下程序的输出结果是(　　)。

```
a=["a","b","c"]
b=a[::-1]
print(b)
```

A. ['a','b','c'] B. 'c','b','a'
C. 'a','b','c' D. ['c','b','a']

17. 以下代码的执行结果是(　　)。

```
ls=[[1,2,3],[[4,5],6],[7,8]]
print(len(ls))
```

A. 3 B. 4 C. 8 D. 1

18. 假设将单词保存在变量 word 中,使用一个字典类型 counts={},统计单词出现的次数可采用(　　)。

　　A. counts[word]=count[word]+1
　　B. counts[word]=1
　　C. counts[word]=count.get(word,1)+1
　　D. counts[word]=count.get(word,0)+1

19. ls=[3.5,"Python",[10,"LIST"],3.6],则 ls[2][-1][1]的运行结果是(　　)。

A. I B. P C. Y D. L

三、填空题

1. 已知 x=[3,5,7],那么执行语句 x[len(x):]=[1,2]之后,x 的值为_____。
2. 列表、元组、字符串是 Python 的_____(有序、无序)序列。
3. 表达式 list(range(10,20,3))的值为_____。
4. 已知 x=[1,11,111],那么执行语句 x.sort(key=lambda x: len(str(x)),reverse=True)之后,x 的值为_____。
5. 表达式 list(zip([1,2],[3,4])) 的值为_____。
6. 已知 x=[1,2,3,2,3],执行语句 x.pop()之后,x 的值为_____。
7. 已知列表 x=[1,2,3],那么执行语句 x.insert(1,4)之后,x 的值为_____。
8. 表达式[x for x in[1,2,3,4,5]if x<3]的值为_____。
9. 已知 x=[3,5,3,7],那么表达式[x.index(i) for i in x if i==3]的值为_____。
10. 补充以下程序中的代码,返回列表类型:

```
import _____
s="国家航天局发布嫦娥六号月背着陆影像"
ls=jieba. _____ (s,True)
print(ls)
```

四、编程题

1. 编写程序,完成如下功能:

(1) 建立字典 d,内容包括"数学":105,"语文":101,"英语":97,"物理":55。
(2) 向字典中添加键值对"化学":49。
(3) 修改"数学"对应的值为 115。
(4) 删除"英语"对应的键值对。
(5) 按顺序打印字典 d 的全部信息。

2. 系统里有多个用户,用户信息目前保存在列表里面,代码如下:

```
users=['root', 'test']
passwds=['123', '456']
```

依据以下流程判断用户登录是否成功。

(1) 判断用户是否存在。

(2) 如果用户存在,则判断用户密码是否正确。先找出用户对应的索引值,根据 passwds 索引值找到该用户的密码。如果密码正确则登录成功,退出循环;如果密码不正确,则重新登录,共有 3 次登录机会。

(3) 如果用户不存在,则重新登录,共有 3 次登录机会。

3. 由用户输入 N 个 100 以内的随机数字,使用本章学到的知识保存这 N 个数字,删除重复数字,并排序。

4. 编写程序生成随机密码,具体要求如下:

(1) 密码由小写字母组成。

(2) 程序每次运行产生 10 个密码(密码首字符不能一样),每个密码的长度固定为 6 个字符。

第 7 章 函数和异常处理

7.1 函数

如果程序的功能比较多、规模比较大,那么把所有的程序代码都写在一个程序中,就会使程序变得庞杂、头绪不清,使阅读和维护程序变得困难。此外,程序中有时要多次实现某一功能,就需要多次重复编写实现此功能的程序代码,从而造成程序冗长。因此,人们很自然地想到采用"组装"的办法来简化程序设计的过程。如同组装计算机一样,事先生产好各种部件(如电源、主板、硬盘驱动器、风扇等),组装计算机时,需要什么部件就从仓库里取出什么部件,直接组装就可以了。这就是模块化程序设计的思路。

可以事先编好一批常用的函数来实现各种不同的功能。例如用 sqrt() 函数实现求一个数的平方根,用 log() 函数实现求一个数的自然对数,把它们保存在函数库中,需要时,直接在程序中加入 sqrt() 或 log() 函数就可以调用系统函数库中的函数代码,执行这些代码,就得到预期的结果。

从本质上来说,函数的作用就是完成若干特定的功能,函数名应当与其功能相对应。如果该功能是用来实现数学运算的,就是数学函数;如果该功能是用来实现字符串运算的,就是字符串函数。对函数的使用不需要了解函数内部运行原理,只要了解函数的输入和输出方式即可。

设计一个较大的程序时,往往把它分为若干个程序模块,每一个模块包括一个或多个函数,每个函数实现一个特定的功能。一个 Python 程序可由一个主函数和若干个其他函数组成。由主函数调用其他函数,其他函数也可以互相调用任意次,在某些条件下甚至一个函数也可以调用自己。

使用函数主要有两个目的:降低编程难度和代码重用。函数是一种功能抽象,利用它可以将一个复杂的大问题分解成一系列简单的小问题,然后将小问题继续分成更小的问题,当问题细化到足够简单时,就可以分而治之,为每个小问题编写程序,并通过函数封装,当各个小问题都解决了,大问题也就迎刃而解。这是一个自顶向下的程序设计思想,函数可以在一个程序中的多个位置使用,也可以用于多个程序,当需要修改代码时,只需要在函数中修改一次,所有调用位置的功能都随之更新,这种代码重用减少了代码行数并且降低了代码维护难度。

Python 的安装包自带了一些函数和方法,第三方库也有大量的函数,这里主要介绍用户自己编写的函数,称为自定义函数。在程序设计中要善于利用函数,以减少重复编写程序段的工作量,也便于实现模块化的程序设计。

7.1.1 函数的定义

Python 要求程序中用到的所有函数必须先定义、后使用,需要事先按规范对函数进行定义,指定函数名字、函数返回值类型、函数实现的功能,以及参数的个数与类型。这样,在程序执行自定义函数时,就会按照定义时所指定的功能执行。

定义函数应包括以下几项内容。
- 函数的名字,以便以后按名调用。
- 函数的返回值,即函数返回值的类型。
- 函数的参数,以便在调用函数时向它们传递数据。无参数函数则不需要这一项。
- 函数应当完成什么操作,即函数的功能。

Python 使用 def 保留字定义一个函数,语法格式如下:

```
def <函数名>(<参数列表>):
    <函数体>
    return<返回值列表>
```

其中,函数名可以是任何有效的 Python 标识符;参数列表是调用该函数时传递给它的值,可以有零个、一个或多个,传递多个参数时各参数由",""分隔,没有参数时也要保留圆括号。函数定义中,参数列表里面的参数是形式参数,简称形参,函数体是函数每次被调用时执行的代码,由一行或多行语句组成。当需要返回值时,使用保留字 return 和返回值列表,否则函数可以没有 return 语句,在函数体结束后将控制权返回给调用者。

函数调用和执行的一般形式如下:

```
<函数名>(<参数列表>)
```

参数列表中给出要传到函数内部的参数,称为实际参数,简称实参。

【例 7-1】 打印人名。有一个人名列表['A','B','C','D'],需要把每个名字单独打印,即输出:

```
A-OK
B-OK
C-OK
D-OK
```

程序代码如下:

```
def Pr(s):
    print(s+'-OK')
```

```
m=['A','B','C','D']
for i in m:
    Pr(i)
```

以上程序的第一行定义了 Pr()函数,其中 s 是形参,用来指要输入函数的实际变量,并参与完成函数内部功能;第 2 行是函数的主体部分,即打印相应的字符,没有返回值。从第 3 行开始执行主程序的运行。最后一行则是在循环内调用 Pr()函数,其中 i 是实参,用于函数执行。

7.1.2 函数的调用过程

程序调用一个函数的过程如下。
(1) 程序在函数调用处暂停执行。
(2) 调用函数时将函数实参赋值给函数的形参。
(3) 执行函数体语句。
(4) 函数调用结束给出返回值,程序回到函数调用前的暂停处继续执行。

【例 7-2】 成绩分析。编写程序对成绩进行分析,60 分以上的输出"及格",否则输出"不及格"。

程序代码如下:

```
def Pd(s):
    if (s>=60):
        c='及格'
    else:
        c='不及格'
    return c
m=[66,77,88,55,61,78,40]
for i in m:
    print(i,Pd(i))
```

对例 7-2 的程序进行分析。第 1~6 行是函数定义,函数只有在被调用时才执行,因此,前 6 行代码不直接执行。程序最先执行的语句是第 7 行的 m=[66,77,88,55,61,78,40],当 Python 继续执行到第 9 行时的 print(i,Pd(i))时,由于调用了 Pd(i)函数,当前执行暂停,程序用实参"i"替换 Pd(s)中的形参 s,形参被赋值为实参的值,类似执行了如下语句:

```
s=i                    #i是列表中的值
```

然后,使用实参代替形参执行函数体内容。函数执行完毕后,重新回到第 9 行继续执行循环语句直到程序结束。

7.1.3 函数的参数传递

调用带参数的函数时,调用函数与被调用函数之间将有数据传递。形参是函数定义时由用户定义的形式上的参数,实参是函数调用时,调用函数为被调用函数提供的原始数据。

1. 参数传递方式

Python 中的变量是一个对象的引用,变量与变量之间的赋值是对同一个对象的引用,当给变量重新赋值时,则这个变量指向一个新分配的对象。这与其他程序设计语言(如 C 语言)的变量存在差别。Python 中的变量指向一段内存空间,并且这段内存空间的内容是可以修改的(这也是对列表或者字典的某一元素进行修改并不改变字典或列表的 ID 的原因),但内存的起始地址是不能改变的,变量之间的赋值相当于两个变量指向同一块内存区域,在 Python 中就相当于同一个对象。

接下来分析函数中的参数传递问题。在 Python 中,实参向形参传送数据的方式是值传递,即实参的值传给形参,是一种单向传递方式,不能由形参传给实参。在函数执行过程中,形参可能被改变,但这种改变对它所对应的实参没有影响。由于 Python 中函数的参数传递是值传递,所以也存在局部和全局的问题,这和 C 语言中的函数也有一定的相似性。

参数传递过程中存在以下两个规则。

(1) 通过引用将实参赋值到局部作用域的函数中,说明形参与传递给函数的实参无关,而且在函数中修改局部对象不会改变原始的实参数据。

(2) 可以在函数体内修改可变对象。可变对象主要是列表和字典,对列表或字典的元素的修改不会改变其 ID。

例如:

```
def f(a,d):
    a=a+10
    d.append(33)
    print(id(a),a,id(d),d)
n=20
s=[1,2,3]
print(id(n),n,id(s),s)
f(n,s)
print(id(n),n,id(s),s)
```

程序运行结果如下:

```
140733316457904 20 2849571756808 [1, 2, 3]
140733316458224 30 2849571756808 [1, 2, 3, 33]
140733316457904 20 2849571756808 [1, 2, 3, 33]
```

2. 参数的类型

可以通过使用不同的参数类型来调用函数,包括位置参数、关键字参数、默认值参数和可变长度参数。

1) 位置参数

函数调用时的参数一般采用按位置匹配的方式,即实参按顺序传递给相应位置的形参,两者的数目和对应位置上的数据类型必须完全一致。

2)关键字参数

关键字参数的形式如下:

```
形参名=实参值
```

在函数调用中使用关键字参数是通过形参的名称来表明为哪个形参传递什么值,可以跳过某些参数或脱离参数的顺序。例如:

```
def F(a,b):
    print('a=',a,'b=',b)
F(1,2)
F(b=1,a=2)
```

程序运行结果如下:

```
a=1 b=2
a=2 b=1
```

第一次调用F()函数时,实参和形参完全对应。第二次调用F()函数时,虽然实参的顺序与形参不一致,但是实参中使用的是形参的变量名,因此可以不按照形参的顺序实现参数的传递。

3)默认值参数

默认值参数是在定义函数时就设定参数的数值,调用该函数时,如果不提供参数的值,则取默认值,例如:

```
def F(a,b=1,c=2):
    print('a=',a,'b=',b,'c=',c)
F(1,2,3)
F(10,20)
```

程序运行结果如下:

```
a=1 b=2 c=3
a=10 b=20 c=2
```

以上程序中,调用带默认值参数的函数时,可以不对默认值进行赋值,也可以通过显式赋值替换部分默认值。第一次调用F()函数时,为第一个形参a传递实参1,为第二个形参b传递实参2,为第三个形参c传递实参3;第二次调用F()函数时,为第一个形参a传递实参10,为第二个形参b传递实参20,第三个形参c则使用默认值2。

注意:默认值参数必须从形参表的最右端开始设置,即第一个形参使用默认值后,其后面的所有形参也必须使用默认值,否则会出错。

4)可变长度参数

在程序设计过程中,可能会遇到函数的参数个数不固定的情况,这时就需要用到可变长度的参数来实现预定功能。Python 中有两种可变长度的参数,分别是元组(非关键字参数)和字典(关键字参数)。

【例 7-3】 元组可变长度参数,即在参数名前加"*",可以接收多个实参并将其放入一个元组中。

程序代码如下:

```
def F(*x):
    print(x)
F(1,2,3)
F(1,2,3,4)
```

程序运行结果如下:

```
(1, 2, 3)
(1, 2, 3, 4)
```

【例 7-4】 字典可变长度参数,即在参数名前加"**",可以接收多个实参。

程序代码如下:

```
def F(**x):
    print(x)
F(a=1,b=2)
F(x=10,y=20,s='abc')
```

程序运行结果如下:

```
{'a': 1, 'b': 2}
{'x': 10, 'y': 20, 's': 'abc'}
```

【例 7-5】 不同类型参数的使用。

程序代码如下:

```
def F(a,b=20,*x,**y):
    s=a+b
    for i in x:
        s+=i
    for i in y.values():
        s+=i
    return s
Sum=F(2,10,1,2,3,4,c=10,d=20)
print(Sum)
```

程序运行结果如下:

```
52
```

以上程序在调用函数 F 时,实参和形参结合后 a=2,b=10,x=(1,2,3,4),y={'c': 10,'d': 20},函数体中首先将 a+b 的值赋给 s(s=12),然后累加元组 x 的全部元素(s= 22),最后累加字典 y 的全部值(s=52)。

7.1.4 匿名函数

匿名函数是指没有函数名的简单函数,只可以包含一个表达式,不能包含其他复杂的语句,表达式的结果就是函数的返回值。

1. 定义

在 Python 中,可以使用 lambda 关键字在同一行内定义函数,因为不用指定函数名,所以这个函数被称为匿名函数,也称为 lambde 函数,其定义格式如下:

```
lambde [参数 1[, [参数 2, …, 参数 n]]]: 表达式
```

关键字 lambda 表示匿名函数,":"前面是函数的参数,函数可以有多个参数,但只能有一个返回值,即表达式的结果。匿名函数不能包含语句或多个表达式,也不用写 return 语句。例如:

```
lambda a,b: a+b
```

该语句定义一个函数,参数是 a 和 b,函数的返回值为表达式 a+b 的值,使用匿名函数的好处是不必担心函数名冲突,因为该函数没有名字。

2. 调用

调用匿名函数时,可以把匿名函数的值赋给一个变量,再利用变量调用该函数,例如:

```
F=lambda a,b:a+b
print(F(1,2))
3
```

又如:

```
F1,F2=lambda a,b:a+b,lambda x,y:x*y
print(F1(1,2),F2(3,4))
3 12
```

也可以在调用匿名函数时使用默认值参数和关键字参数,例如:

```
F=lambda a,b=1,c=2:a+b+c
print(F(1,2))
print(F(1,c=4))
print(F(b=2,a=3,c=4))
5
6
9
```

7.1.5 递归函数

递归是指在连续执行某一个函数时,该函数中的某一步要用到它自身的上一步或上几步的结果。在一个程序中,若存在程序自己调用自己的现象就构成了递归。递归是一种常用的程序设计方法。在实际应用中,许多问题的求解方法具有递归特征,利用递归描述去求解复杂的算法,思路清晰、代码简洁、结构紧凑,但由于每一次递归调用都需要保存相关的参数和变量,因此会占用内存,并且降低程序的执行速度。

Python 允许使用递归函数,递归函数是指一个函数的函数体中又直接或间接地调用该函数本身的函数。如果函数 a()中调用函数 a()自己,则称函数 a()为直接递归。如果函数 a()中先调用函数 b(),函数 b()调用函数 a(),则称函数 a()为间接递归。程序设计中常用的是直接递归。

数学上用到递归定义的函数是非常多的。例如,当 n 为自然数时,求 n 的阶乘 $n!$。阶乘通常定义为

$$n! = n(n-1)(n-2) \times \cdots \times 1 = n(n-1)!$$

即

$$n! = \begin{cases} 1, & n=0 \\ n(n-1)!, & n>0 \end{cases}$$

这个定义说明 0 的阶乘等于 1,其他数字的阶乘定义为这个数字乘以比这个数字小 1 数的阶乘。阶乘不是循环,因为每次递归都会计算比它更小的数的阶乘,直到 0!。0!=1,被称为递归的基例。递归到底了,就需要一个能直接计算出结果的表达式。

【例 7-6】 用递归函数求 $n!$。

程序代码如下:

```
def F(n):
    if (n==0):                    #函数直接返回值时的基本实例(简称基例)
        return 1
    else:
        return n * F(n-1)
s=F(3)
print(s)
```

以上程序中,F()函数在其定义内部引用了自身,形成递归过程。无限制的递归将耗尽系统资源,因此需要设计基例使递归逐层返回。F()函数通过 if 语句给出了 n 为 0 时的基例,即当 n==0 时返回 1,此时开始递归返回。

递归遵循函数的语义,每次调用都会引起新函数的开始,表示它有本地变量值的副本,包括函数的参数。图 7-1 给出了计算 3!的递归调用过程,每次调用函数时,函数参数的副本会临时存储,递归过程中各函数运算自己的参数,相互没有影响。当基例结束运算并返回值时,各函数逐层运算结束,向调用者返回计算结果。

【例 7-7】 用递归函数求斐波那契数列的前 20 项。斐波那契数列中,$s(1)=1$,$s(2)=1$,$s(n)=s(n-1)+s(n-2)$。

```
s=F(3)→n=3→3*F(2)→n=2→2*F(1)→n=1→1* F(0)→F(0)=1    返回
     F(0)=1→n=1→1*F(0)=1→n=2→2*F(1)=2→n=3→3*F(2)=6
```

图 7-1　3!的递归调用过程

程序代码如下：

```
def F(s):
    if s==1 or s==2:
        return 1
    else:
        return F(s-1)+F(s-2)
for i in range(20):
    s=F(i+1)
    print(s,end=' ')
    if ((i+1)%10==0):              #每 10 个换行
        print()
```

程序运行结果如下：

```
1   1   2   3   5   8   13   21   34   55
89  144 233 377 610 987 1597 2584 4181 6765
```

7.1.6　函数的模块化

函数模块化是代码组织的一个核心概念，它可以提高代码的可读性、可维护性和可重用性。在 Python 中，可以把若干个定义好的函数保存在一个独立的 Py 文件中（该文件的后缀必须为.py），并在其他 Py 程序中通过 import 命令导入后使用。

7.1.7　map()函数

map()函数的第一个参数是一个函数，这个函数可以是内置函数或自定义函数，第二个及以后的参数是一个或多个序列，返回一个迭代器对象，并能转换为列表。例如：

```
def F(x,y):
    return x+y
a=[1,2,3,4,5]
b=[6,7,8,9]
d=map(F,a,b)                    #序列数量不一致,按最少的数量计算
s=list(d)                       #转为列表
print(s)
print(list(map(float,s)))       #调用内置函数,转为 float 型数据
```

运行结果如下:

```
[7, 9, 11, 13]
[7.0, 9.0, 11.0, 13.0]
```

7.2 异常处理

异常是指程序运行过程中出现的错误或遇到的意外情况。引发异常的原因有很多,例如除数为 0、文件不存在、数据类型错误、命名错误、内存空间不够、用户操作不当等。如果这些异常得不到有效的处理,会导致程序终止运行。一个好的程序应具备较强的容错能力,也就是说,除了能够在正常情况下完成所预想的功能外,还能够在遇到各种异常的情况下做出合适的处理。这种对异常情况给予适当处理的技术就是异常处理。

Python 提供了一套完整的异常处理方法,可以在一定程度上提高程序的健壮性,使程序在非正常环境下仍能正常运行,并能把 Python 晦涩难懂的错误信息转换为友好的提示呈现给最终用户。

7.2.1 try…except 语句

Python 使用 try…except 语句实现异常处理,其基本语法格式如下:

```
try:
    <语句块 1>
except:
    <语句块 2>
```

正常情况下执行语句块 1,发生异常时则执行 except 保留字后面的语句块 2。例如:

```
try:
    n=eval(input('请输入一个整数: '))
    print(n+10)
except:
    print('输入错误! ')
```

程序运行结果如下:

```
请输入一个整数: ab
输入错误!
```

7.2.2 异常处理的嵌套

try…except 语句对所有的异常不加区分地进行处理,如果需要对不同类型的异常进行不同的处理,则可以使用具有多个异常处理分支的 try…except 语句,其格式如下:

```
try:
    <语句块 1>
except:<异常类型 1>
    <语句块 2>
except:<异常类型 2>
    <语句块 3>
else:
    <语句块 4>
finally:
    <语句块 5>
```

在这里,当 try 的语句块 1 正常执行结束且没有发生异常时,执行 else 后面的语句块 4,可以看作对 try 语句块正常执行后的一种追加处理;当发生异常类型 1 时执行语句块 2,发生异常类型 2 时执行语句块 3;finally 后面的语句块 5 则是正常和异常情况都要执行的程序。其中,异常类型包括 IOError(文件不存在)、NameError(找不到变量名)、SyntaxError(语法错误)、ZeroDivisionError(除数为 0)等。

【例 7-8】 异常处理。

程序代码如下:

```
try:
    n=eval(input('请输入一个整数: '))
    s=100/n
except ZeroDivisionError:
    print('除数为 0')
except NameError:
    print('输入的不是数字')
else:
    print(s)
finally:
    print('程序结束')
```

程序的 3 种运行结果分别如下:

```
请输入一个整数: 2
50.0
程序结束

请输入一个整数: 0
除数为 0
程序结束

请输入一个整数: A
输入的不是数字
程序结束
```

7.3 综合举例

【例7-9】 判断100~200的素数。通过调用函数实现,函数返回值为1是素数。
程序代码如下:

```
def prime(n):
    if n<=2:
        return 0
    else:
        i=2
        while i*i<=n:
            if n%i==0:
                return 0
            i+=1
        return 1
for i in range(101,199,2):
    if prime(i):
        print(i,end=' ')
```

程序运行结果如下:

```
101 103 107 109 113 127 131 137 139 149 151 157 163 167 173 179 181 191 193 197
```

【例7-10】 编写绘图函数,要求画布大小为800×600像素,绘制20个实心等边三角形,三角形的起点、边长(10~20)、初始角度(0~359°)和颜色参数(red、blue、yellow)随机生成,通过调用绘图函数实现。

程序代码如下:

```
from turtle import *
from random import *
setup(450,350)
def ht(x,y,L,af,co):
    up()
    goto(x,y)
    down()
    seth(af)
    color(co)
    begin_fill()
    for i in range(3):
        fd(L)
        left(120)
    end_fill()
for i in range(20):
```

```
    x=randint(-200,200)
    y=randint(-150,150)
    L=randint(10,20)
    af=randint(0,359)
    co=choice(['red','blue','yellow'])
    ht(x,y,L,af,co)
hideturtle()
```

程序运行结果如图 7-2 所示。

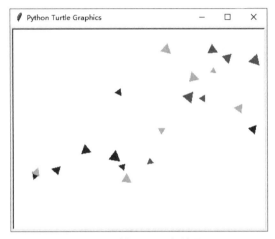

图 7-2　例 7-10 运行结果

【例 7-11】 利用随机数生成互不交叉的 40 组圆心和半径数据,并绘制图形。要求:编写函数判定圆与圆是否交叉,而且每个圆与其他圆距离至少 5 像素,生成的数据以列表形式存放,如 $[(x_1,y_1,r_1),(x_2,y_2,r_2),\cdots]$,圆心范围 x 为 $-200 \sim 200$,y 为 $-200 \sim 200$,半径范围 r 为 $10 \sim 20$,画布尺寸为 500×500 像素。

编程思路:判断两个圆是否交叉并距离 5 像素,可利用表达式 $sqrt((x1-x2)^2+(y1-y2)^2) > (r1+r2)+5$ 进行判断,如果为 True,则表示两个圆没有交叉,可追加该组数据,否则重新生成数据。

程序代码如下:

```
from random import *
from turtle import *
def Test(x,y,r):
    for dt in data:
        if ((x-dt[0])**2+(y-dt[1])**2)**0.5<=r+dt[2]+5:   #要求至少距离5像素
            return False                                   #有交叉,提前结束
        else:
            return True
data=[]
for i in range(40):
```

```
    while True:
        x=randint(-200,200)
        y=randint(-200,200)
        r=randint(10,20)
        print(i)
        if Test(x,y,r):
            data.append((x,y,r))
            break
setup(500,500)
speed(0)
for i in data:
    up()
    goto(i[0],i[1]-i[2])            #偏移一个半径
    down()
    circle(i[2])
hideturtle()
```

程序运行结果如图 7-3 所示。

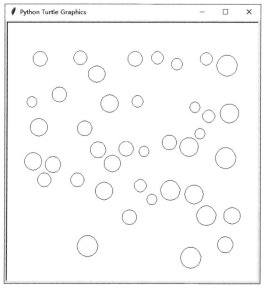

图 7-3 例 7-11 运行结果

【例 7-12】 利用函数编写四则运算测试题。要求随机生成 50 个 100 以内的整数加减乘除法运算题,计算结果为 0~100,保存在 data 列表内,如[(2,'+',3),(80,'/',20),…],表中的数据分别为数 1、运算符、数 2。

编程思路:编写函数分别生成各算式,判断有效性。

程序代码如下:

```
from random import *
def Make():
    c=choice(['+','-','*','/'])
```

```
    while True:
        a=randint(1,100)
        b=randint(1,100)
        s=(a,c,b)
        if c=='+':
            if a+b<=100:
                break
        if c=='-':
            if a-b>=0:
                break
        if c=='*':
            if a*b<=100:
                break
        if c=='/':
            if a/b>0 and a%b==0:
                break
    return s
data=[]
for i in range(20):
    data.append(Make())
print(data)
```

程序运行结果如下:

```
[(1, '*', 58), (48, '/', 12), (6, '+', 45), (1, '*', 89), (49, '+', 3), (39, '+',
14), (8, '*', 11), (75, '/', 25), (28, '-', 6), (86, '/', 43), (62, '*', 1), (39,
'-', 12), (2, '*', 28), (94, '-', 75), (14, '-', 5), (24, '/', 8), (16, '*', 3),
(76, '/', 2), (28, '+', 10), (84, '+', 10)]
```

【例 7-13】 利用函数统计 100!中 0~9 的个数,结果保存在 data 列表中。

编程思路:计算 100!后转成字符串,逐一判断。

程序代码如下:

```
def Tg(n):
    a=c.count(str(n))
    data.append((n,c.count(str(n))))
s=1
for i in range(1,101):
    s*=i
c=str(s)
data=[]
for i in range(10):
    Tg(i)
#print(s)
print(data)
```

程序运行结果如下：

```
[(0, 30), (1, 15), (2, 19), (3, 10), (4, 10), (5, 14), (6, 19), (7, 7), (8, 14), (9, 20)]
```

【例7-14】 模拟产品定量包装。设水饺每只15～17g，每次装1～2只，每包要求达到500g(误差为15g)时停止，利用函数实现，把每包的数量和重量保存在data列表里(生成40包)，并打印data、总数量和总重量。

编程思路：在函数内利用随机数生成每只重量及每次数量，累计大于或等于485g就结束。

程序代码如下：

```python
from random import *
def Pack():
    s=0
    n=0
    while s<=485:
        k=randint(1,2)
        while k:
            a=randint(15,17)
            s+=a
            n+=1
            k-=1
    return (n,s)
data=[]
s=0
n=0
for i in range(40):
    pk=Pack()
    n+=pk[0]
    s+=pk[1]
    data.append(pk)
print(data)
print(n,s)
```

程序运行结果下(每次结果不一样)：

```
[(31, 499), (32, 514), (31, 493), (31, 499), (32, 510), (31, 491), (32, 502), (31, 496), (31, 501), (31, 501), (31, 498), (31, 500), (31, 494), (32, 516), (30, 486), (31, 492), (31, 501), (32, 508), (32, 513), (31, 489), (31, 494), (31, 496), (32, 517), (31, 491), (32, 504), (31, 500), (31, 499), (31, 493), (31, 500), (32, 513), (31, 493), (31, 500), (31, 493), (31, 496), (32, 518), (31, 495), (31, 494), (32, 511), (32, 512), (31, 488)]
1251 20010
```

【**例 7-15**】 牛顿法求方程的 $x^4-5x^3+2\mathrm{e}^x-10$ 在 0 附近的根,精度为 0.000 01。迭代公式 $x_1=x_0-\dfrac{f(x_0)}{f'(x_0)}$,初值 $x_0=0$。

编程思路:分别编写求 $f(x)$ 和 $f'(x)$ 的函数,利用循环进行迭代计算。

程序代码如下:

```
from math import *
def f(x):
    return x**4-5*x**3+2*e**x-10
def fp(x):
    return 4*x**3-15*x**2+2*e**x
s=1
x0=0
while s>0.00001:
    x1=x0-f(x0)/fp(x0)
    s=abs(x1-x0)
    x0=x1
print('x=%.4f'%x0)
```

程序运行结果如下:

```
x=3.6315
```

【**例 7-16**】 绘制带宽度的圆弧,用函数实现。

编程思路:如图 7-4 所示。给定圆心 $p(x,y)$、初始角度 a、圆弧角度 b、圆弧半径 r、圆弧宽度 w。从圆心抬起画笔出发,沿 a 角度前进 $r-w$ 距离,落下画笔,按以下顺序绘制。

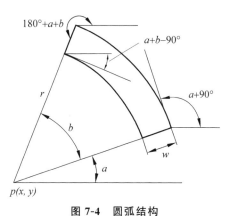

图 7-4 圆弧结构

(1) 沿 a 角度继续前进 w。
(2) 设置绝对角度 $a+90°$,以半径 r、角度 b 画圆弧。
(3) 设置绝对角度 $a+b+180°$,前进 w。
(4) 设置绝对角度 $a+b-90°$,以半径 $-(r-w)$、角度 b 画圆弧。

(5)完成填充。

程序代码如下：

```python
from turtle import *
setup(800,600)
def ht(a,b,w,r,p,co):
    up()
    goto(p)
    seth(a)
    fd(r-w)
    down()
    color(co)
    begin_fill()
    fd(w)
    seth(a+90)
    circle(r,b)
    seth(180+a+b)
    fd(w)
    seth(a+b-90)
    circle(-(r-w),b)
    end_fill()
cor=['red','green','yellow','blue']
p=(-100,-200)
w=40
r=400
a=20
b=100
for i in range(4):
    ht(a,b,w,r,p,cor[i])
    r=r-w
hideturtle()
```

程序运行结果如图 7-5 所示。

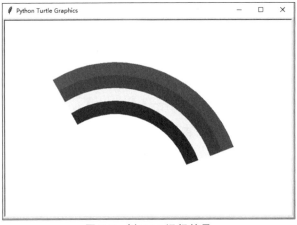

图 7-5　例 7-16 运行结果

【例 7-17】 用函数菱形,可填充不同的颜色。

编程思路:如图 7-6 所示。给定起点 $p(x,y)$、内角 a、边长 w。从起点出发,分别向左偏转 $90°-a/2$、a、$180°-a$ 和 a 角度,前进 w 距离,即可完成菱形的绘制。

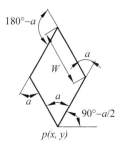

图 7-6 菱形结构

程序代码如下:

```
from turtle import *
p0=(0,-250)
a=70
w=100
cos=['gold','purple']
    def ht(co):
    color(co)
    seth(0)
    begin_fill()
    left(90-a/2)
    fd(w)
    left(a)
    fd(w)
    left(180-a)
    fd(w)
    left(a)
    fd(w)
    end_fill()
for i in range(3):
    up()
    goto(p0)
    seth(90+a/2)
    fd(w*i)
    down()
    for j in range(4):
        co=cos[(i+j)%2]
        ht(co)
        up()
        seth(90-a/2)
```

```
        fd(w)
        down()
hideturtle()
```

程序运行结果如图 7-7 所示。

图 7-7　例 7-17 运行结果

扫码答题

习题 7

一、简答题

1. 定义函数应包括哪些内容？
2. 简要说明函数调用的过程。
3. 什么是递归函数？递归函数的特点有哪些？
4. 异常处理的作用是什么？
5. 匿名函数的定义是什么？

二、选择题

1. 函数调用时所提供的参数可以是(　　)。
   A. 常量　　　　　B. 变量　　　　　C. 函数　　　　　D. 以上都可以
2. 定义函数的保留字是(　　)。
   A. fun　　　　　B. def　　　　　C. dim　　　　　D. fx
3. 传递多个参数时,各参数由(　　)分隔。
   A. 逗号(,)　　　B. 分号(;)　　　C. 句点(.)　　　D. 下画线(_)
4. 匿名函数是用(　　)关键字定义的。
   A. none　　　　　B. def　　　　　C. lambda　　　　D. add

5. 下列关于函数定义的说法中,正确的是( )。
   A. 必须有形参　　　　　　　　　B. 必须带 return 语句
   C. 函数体不能为空　　　　　　　D. 用 def 定义
6. 已知 s=lambda a,b:a+b,则 s([2],[3,4])的值是( )。
   A. [2,3,4]　　　B. 9　　　C. [23,4]　　　D. [234]
7. 下列程序的运行结果是( )。

```
def F(*x):
    print(x)
F(2,3,4)
```

   A. 9　　　B. (2,3,4)　　　C. 234　　　D. [2,3,4]
8. 下列程序的运行结果是( )。

```
def F(a,b=2,c=5):
    print('a=',a,'b=',b,'c=',c)
F(2,4,6)
```

   A. a=2 b=2 c=5　　　　　　　B. a=0 b=2 c=4
   C. a=2 b=4 c=5　　　　　　　D. a=2 b=4 c=6
9. 下列程序的运行结果是( )。

```
def F(n):
    if(n==3):
        return 3
    else:
        return n*F(n-1)
s=F(6)
print(s)
```

   A. 3　　　B. 3456　　　C. 360　　　D. 18
10. 最简单的异常处理语句是( )。
    A. try…except　　B. if…else　　C. for　　D. def…return

三、填空题

1. 定义函数的关键字是_____。
2. 函数在传递多个参数时,各参数由_____分隔。
3. 已知 s=lambda a,b:a-b,则 s(10,6)的值是_____。
4. 函数在其定义内部引用了_____,形成递归过程。
5. 具有多个异常处理分支的 try…except 语句,最后以_____结束。
6. 在一个程序中,若存在程序自己调用自己的现象就构成了_____。
7. 函数调用时的参数一般采用按_____的方式。
8. 设定异常处理后,当发生异常时执行_____保留字后面的语句。
9. 异常类型 IOError 表示_____。

10. 异常类型 NameError 表示_____。

四、编程题

1. 编写函数进行数据分类,原始数据为$[(1,n_1),(2,n_2),(3,n_3),(4,n_4),\cdots]$($n$为随机生成的1~100的整数,共100个,可能有重复的)。要求把奇数和偶数分别保存在两个列表内,如:['奇数',$(1,n_1),(4,n_4),\cdots]$(n_1和n_4为奇数)、['偶数',$(2,n_2),(3,n_3),\cdots]$(n_2和n_3为偶数)。

2. 利用turtle库编写绘制长方形的函数,要求输入以下参数:起点、长、宽、初始角度、颜色、填充标志。

3. 将10位数字串相邻的偶数位和奇数位互换,如'1234567890'转换为'2143658709',字符串以列表的形式给出(随机数生成,['xxxxxxxxxx','xxxxxxxxxx',…]),用函数实现转换,转换后也保存到列表中。

4. 用蒙特卡洛方法计算圆周率,编写函数判断随机坐标是否在圆内。(设单位正方形边长为1)

5. 编写函数模拟电梯运行,输入当前楼层a和要去的楼层b,电梯从停留的楼层c运行到楼层a,再从楼层a运行到楼层b。例如:$c=5$时,输入$a=2,b=6$,输出$5-4-3-2,2-3-4-5-6,c=6$;当$a=0$时结束程序。设楼层总数为10,c的初值为1。

第 8 章 可视化界面设计

8.1 tkinter 库简介

可视化界面能够使用户的操作更加方便、灵活,是软件设计中广泛应用的一种人机交互方式,即由窗口、菜单、对话框等元素组成的用户界面,用户通过鼠标、键盘等方式选择、激活这些元素,使计算机执行设计好的函数。

Python 的可视化界面包括一个主窗口,主窗口中又包含各种控件,通过 tkinter(简称 Tk)图形库实现。tkinter 模块(Tk 接口)是 Python 的标准 Tk GUI 工具包的接口,是一个基于面向对象设计思想的图形用户界面工具包,tkinter 可以在大多数的 UNIX 平台使用,同样可以在 Windows 和 Macintosh 操作系统使用。Tk 8.0 的后续版本可以实现本地窗口风格,并良好地运行在绝大多数平台中。

tkinter 库包含了若干模块。Tk 接口被封装在一个名为_tkinter 二进制模块里(tkinter 的早期版本),这个模块包含了低级的 Tk 接口,因此不会被程序员直接应用,它通常表现为一个共享库(或 DLL 文件),但在一些版本中它与 Python 解释器结合在一起。

在 Tk 接口的附加模块中,tkinter 库包含了一些 Python 模块,保存在标准库的 tkinter 子目录里。其中有两个重要的模块,一个是 tkinter,另一个是 tkconstants。前者自动导入后者,所以如果使用 tkinter 库,仅导入一个模块即可。

使用 import 引用 tkinter 库有两种方式,但对函数的使用方法略有不同。

(1) 第一种引用方法如下:

```
import tkinter
```

此时,程序可以调用 tkinter 库中的所有函数,调用 tkinter 库中函数的格式如下:

```
tkinter.函数名(函数参数)
```

(2) 第二种引用方法如下:

```
from tkinter import *
```

此时,程序可以直接调用 tkinter 库中的所有函数,格式如下:

```
函数名(函数参数)
```

8.1.1 创建主窗口

主窗口是可视化界面的顶层窗口,也是控件的容器。一个可视化界面必须且只能有一个主窗口,并且要优先于其他对象创建,其他对象都是主窗口的子对象。

【例 8-1】 创建主窗口。

程序代码如下:

```
from tkinter import *
w=Tk()
```

程序运行结果如图 8-1 所示。

图 8-1 tkinter 的主窗口

8.1.2 主窗口的属性

主窗口的属性包括标题、宽度、高度、背景色和方法等。

【例 8-2】 主窗口的属性。

程序代码如下:

```
import tkinter as tk
from tkinter.font import Font
w=tk.Tk()
w.geometry('300x200')
w.title('这是主窗体')                  #标题
w['width']=500                       #宽度
w['height']=200                      #高度
```

```
w.resizable(width=True,height=False)        #宽度和高度是否可调
my_font=Font(family="宋体", size=20)         #创建一个字体对象
label=tk.Label(w, text="Hello, Tkinter!", font=my_font)
                                            #使用字体对象为标签设置字体
label.pack()
```

程序运行结果如图 8-2 所示。

图 8-2　主窗口的属性

也可以通过调用主窗口对象的 geometry 方法设置窗口的大小和位置,代码如下：

```
w.geometry("宽度x高度±x±y")
```

其中,"宽度 x 高度"表示主窗口的宽度和高度,＋x 表示主窗口左边距离屏幕左边的距离,－x 表示主窗口右边距离屏幕右边的距离,＋y 表示主窗口上边距离屏幕上边的距离,－y 表示主窗口下边距离屏幕下边的距离。例如：

```
w.geometry("300x150-200+60")
```

注意：这里的 x 是小写字母 x,不是乘号。

8.1.3　常用控件

- Label：标签,用于显示说明文字。
- Message：消息,类似标签,但可显示多行文本。
- Button：按钮,用于执行命令。
- Radiobutton：单选按钮,用于从多个选项中选择一个选项。
- Checkbutton：复选框,用于表示是否选择某个选项。
- Entry：单行文本框,用于输入、编辑一行文本。
- Text：多行文本框,用于显示和编辑多行文本,支持嵌入图像。
- Frame：框架,是容器控件,用于控件组合与界面布局。
- Listbox：列表框,用于显示若干选项。
- Scrollbar：滚动条,用于滚动显示更多内容。
- OptionMenu：可选项,单击可选项按钮时,打开选项列表,在按钮中显示。

- Scale：刻度条，允许用户通过移动滑块来选择数值。
- Menu：菜单，用于创建下拉式菜单或弹出式菜单。
- Toplevel：顶层窗口，是一个容器控件，用于多窗口应用程序。
- Canvas：画布，用于绘图。

8.1.4 主事件循环

主窗口显示后，需要调用主窗口的 mainloop 方法，等待处理各种控件，直到关闭主窗口。

【例 8-3】 主窗口的循环。

程序代码如下：

```
from tkinter import *
w=Tk()
w.title('这是主窗体')                              #标题
w.geometry("300x150-200+60")
def disp():
    msg=Message(w,text='这是标签控件',width=80)     #属性和 Label 一样
    msg.pack()
btn=Button(w,text="点击显示",width=10,command=disp).pack()
w.mainloop()
```

程序运行结果如图 8-3 所示。

图 8-3 主窗口的循环

8.2 标签控件

标签控件用来显示文字或图片。

tkinter 模块定义了 Label 类来创建标签控件。创建标签时需要指定其父控件和文本内容，前者由 Label() 构造函数的第一个参数指定，后者由属性 text 指定。例如：

```
L4=Label(w,text="这是标签控件")
```

该语句创建了一个标签控件对象，但该控件在窗口中仍然不可见。为了使控件在窗口中可见，需要调用方法 pack 来设置这个标签的位置，即 L1.pack()。

标签控件除了 text 属性之外,还有 font、bg、fg 和 width 等常用属性。

font 属性指定文本格式,包括字体、字号和字形。其中,字体包括 Arial、Verdana、Helvetica、Times New Roman、Courier New、Comic Sans MS、宋体、楷体、仿宋、隶书等,字号以磅为单位,字形包括 normal、bold、roman、italic、underline 和 overstrike 等。例如:

```
Label(w,text="这是标签控件",font=('Times New Roman','20','normal')).pack()
```

以下语句为标签设置了更多的其他属性:

```
Label(w,text="AA",bg="green",fg="yellow",width=80).pack()
```

语句中的属性 bg(或 background)、fg(或 foreground)和 width 分别表示标签文本的背景颜色、文本颜色和标签的宽度。

8.2.1 显示文字

【例 8-4】 显示标签。

程序代码如下:

```
from tkinter import *
w=Tk()
w.title("这是标签 Label")
w.geometry("400x200+500+300")
#窗体长度 x 窗体宽度+左上角 x+左上角 y
#x 就是小写字母 x,不是乘号
L1=Label(w,text='上面的标签 ABC',bg='yellow',fg='red',width=20)
L2=Label(w,text='中间的标签 ABC',bg='green',fg='red',font=('Arial',12, \
    'bold'),width=30)
L3=Label(w,text='下面的标签 ABC',bg='gray',fg='blue', \
    font=('Times New Roman',20,'bold'),width=20)
#bg 背景颜色,fg 文本颜色
L1.pack()
L2.pack()
L3.pack()
w.mainloop()
```

程序运行结果如图 8-4 所示。

图 8-4 文字标签

8.2.2 显示图片

【例 8-5】 显示图片。

程序代码如下：

```
from tkinter import *
w=Tk()
w.title("这是图片标签 Label")
w.geometry("700x260+500+300")
gif=PhotoImage(file="D:/jpg/test.gif")
L1=Label(w, image=gif).pack(side="right")
T1='\
郑州大学(Zhengzhou University),简称"郑大",\n\
位于郑州市,是中华人民共和国教育部与河南省人\n\
民政府"部省合作共建高校",是世界一流大学、\n\
"211 工程""一省一校"重点建设高校.'
L2=Label(w, justify=LEFT,padx=20,text=T1,font=(10)).pack(side="left")
w.mainloop()
```

程序运行结果如图 8-5 所示。

图 8-5 图片标签

8.3 按钮控件

Button 按钮控件是一个标准的 tkinter 的部件,用于实现各种按钮。按钮可以包含文本或图像,可以调用 Python 函数或方法用于每个按钮。tkinter 的按钮被按下时,会自动调用该函数或方法。按钮文本可跨越一行以上。此外,文本字符可以有下画线,例如标记的键盘快捷键。默认情况下,使用 Tab 键可以移动到一个按钮部件。常用的属性如下。

text：显示文本内容。

command：指定按钮的事件处理函数。

compound：同一个按钮既显示文本又显示图片,可用此参数将其混叠起来。例如：

```
compound='bottom'                    #图像居下
compound='center'                    #文字覆盖在图片上
```

bitmap：指定位图,例如：

```
bitmap=BitmapImage(file=filepath)
```

image:按钮不仅可以显示文字,也可以显示图片,目前仅支持 GIF、PGM、PPM 格式的图片。例如:

```
image=PhotoImage(file='../xxx/xxx.gif')
```

focus_set:设置当前组件得到的焦点。
master:代表父窗口。
bg:背景色,如 bg='red'、bg='♯FF56EF'。
fg:前景色,如 fg='red'、fg='♯FF56EF'。
font:字体及大小,如 font=('Arial',8)、font=('Helvetica 16 bold italic')。
height:设置显示高度,如果未设置此项,其大小将适应内容标签。
relief:指定外观装饰边界附近的标签,默认是平的,可以设置的参数有 flat、groove、raised、ridge、solid、sunken。
width:设置显示宽度,如果未设置此项,其大小将适应内容标签。
wraplength:设置每行所需的字符数,默认为 0。
state:设置组件状态,包括正常(normal)、激活(active)、禁用(disabled)。
anchor:设置按钮文本在控件上的显示位置,可用值包括 n(north)、s(south)、w(west)、e(east)和 ne、nw、se、sw。
textvariable:设置按钮的 textvariable 属性。
bd:设置按钮的边框大小,默认为 1 或 2 像素。

【例 8-6】 按钮。
程序代码如下:

```
def disp():
    print('单击按钮!')
from tkinter import *
w=Tk()
w.geometry('200x100')
w.title('按钮')
Btn=Button(w,text='确定',width=20,height=2,bg='gray',fg='red',command=\
    disp)
Btn.pack()
w.mainloop()
```

程序运行结果如图 8-6 所示,按下按钮后会显示"单击按钮!"。

图 8-6　按钮控件

8.4 选择控件

8.4.1 复选框控件

在 Python 的 tkinter 中，用 Check button 复选框控件提供一些选项供用户进行选择，可以选择多个选项。例如，购物的种类可以用复选框实现。复选框的标题前面有个小正方形的方框，未选中时，方框内为空白，选中时在小方框中打钩（√），再次选择一个已打钩的复选框将取消选择。对复选框的操作一般是单击小方框或标题。

【例 8-7】 复选框。

程序代码如下：

```python
def disp():
    s='选择了'
    if v1.get()==1:
        s+='选项A'
    if v2.get()==1:
        s+='选项B'
    if v3.get()==1:
        s+='选项C'
    Label(w,text=s).pack()
from tkinter import *
w=Tk()
w.title('复选框')
w.geometry('300x200')
v1=IntVar()
v2=IntVar()
v3=IntVar()
v1.set(1)
v2.set(0)
v3.set(1)
Checkbutton(w,variable=v1,font=('Arial',20,'bold'),text='选项A',command=\
    disp).pack()
Checkbutton(w,variable=v2,text='选项B',command=disp).pack()
Checkbutton(w,variable=v3,text='选项C',command=disp).pack()
w.mainloop()
```

程序运行结果如图 8-7 所示。

图 8-7 "复选框"控件

8.4.2 单选按钮控件

Radio button 单选按钮控件也是可视化用户界面设计中使用较多的控件。复选框和单选按钮都是用来提供一些选项供用户选择,这些选项有选中或未选中两种状态。两者的区别是,复选框适合多选多的情况,单选按钮适合多选一的情况。同组的单选按钮在任意时刻只能有一个被选中,每当换选其他单选按钮时,原先选中的单选按钮即被取消。例如,选择学生的性别就适合用单选按钮。

在实际应用中,一般是将若干个相关的单选按钮组合成一个组,使每次只能有一个单选按钮被选中。可以先创建一个 IntVar 或 StringVar 类型的控制变量,然后将同组的每个单选按钮的 variable 属性都设置成该控制变量。由于多个单选按钮共享一个控制变量,而控制变量每次只能取一个值,所以选中一个单选按钮就会导致取消选中另一个。

为了在程序中获取当前被选中的单选按钮的信息,可以为同组的每个单选按钮设置 value 属性值,当选中一个单选按钮时,控制变量即被设置为它的 value 值,程序中即可通过控制变量的当前值判断哪个单选按钮被选中。注意,value 属性的值应当与控制变量的类型匹配,如果控制变量是 IntVar 类型,则应为每个单选按钮赋予不同的整数值;如果控制变量是 StringVar 类型,则应为每个单选按钮赋予不同的字符串值。

【例 8-8】 单选按钮。

程序代码如下:

```
def disp():
    Message(w,text=v.get()).pack()
from tkinter import *
w=Tk()
w.title('单选按钮')
w.geometry('300x200')
v=StringVar()
v.set('1')
Lst=['单选 1','单选 2','单选 3']
for i in range(3):
    Radiobutton(w,text=Lst[i],variable=v,value=str(i),command=disp).\
        pack()
w.mainloop()
```

程序运行结果如图 8-8 所示。

图 8-8 "单选按钮"控件

8.4.3 列表框控件

List box(列表框)控件包含一个或多个选项供用户选择,可以使用 Listbox 类的 insert 方法向列表框中添加选项,有检索和删除功能。

【例 8-9】 列表框。

程序代码如下:

```
def disp(event):
    print(Lb.get(Lb.curselection()))
from tkinter import *
w=Tk()
w.geometry('300x400')
Lb=Listbox(w)
Lb.bind('<Double-Button-1>',disp)    #双击打印选中的项目
for item in ['AA1','AA2','AA3']:
    Lb.insert(END,item)              #END 表示向最后一项后面添加
Lb.pack()
w.mainloop()
```

程序运行结果如图 8-9 所示。

图 8-9 "列表框"控件

 ### 8.4.4 滚动条控件

Scrollbar(滚动条)控件可以单独使用,但常与列表框、文本框等控件配合使用。

【例 8-10】 滚动条。

程序代码如下:

```
from tkinter import *
w=Tk()
w.geometry('300x200')
w.title('滚动条')
```

```
#Lb=Scrollbar(w,orient=HORIZONTAL)        #默认垂直
#Lb.set(0.5,10)
#Lb.pack()
#w.mainloop()


#Listbox与Scrollbar绑定
Lb=Listbox(w)
s=Scrollbar(w)
s.pack(side=RIGHT,fill=Y)
#side指定Scrollbar居右;fill指定填充整个剩余区域
Lb['yscrollcommand']=s.set
            #关键语句,指定Listbox的yscrollbar的回调函数为Scrollbar的set
for i in range(100):
    Lb.insert(END,str(i))
#side指定Listbox居左
Lb.pack(side=LEFT)
s['command']=Lb.yview
            #关键语句,指定Scrollbar的command的回调函数是Listbar的yview
w.mainloop()
```

程序运行结果如图 8-10 所示。

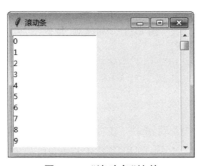

图 8-10 "滚动条"控件

8.4.5 可选项控件

OptionMenu(可选项)控件提供一个选项列表,平时是收拢状态,单击可以将选项展开。可选项控件通过 OptionMenu 类创建,需要设定两个必要的参数:一个是与当前值绑定的变量(StringVar),另一个是提供可选项的列表。

【例 8-11】 可选项。

程序代码如下:

```
from tkinter import *
w=Tk()
w.geometry('300x200')
```

```
w.title('可选项')
v=StringVar(w)
v.set('a1')
om=OptionMenu(w,v,'a1','a2','a3','a4')
om.pack()
def ok():
    print('value is', v.get())
    w.quit()
button=Button(w, text="OK", command=ok)
button.pack()
print(v.get())
w.mainloop()
```

程序运行结果如图 8-11 所示。

图 8-11 "可选项"控件

8.4.6 刻度条控件

Scale(刻度条)控件通过移动滑块,在指定的范围内选择数值。刻度条控件通过 Scale 类创建,可以指定最大值、最小值和移动步长,也可以和变量绑定。

【例 8-12】 刻度条。

程序代码如下:

```
from tkinter import *
w=Tk()
w.geometry('300x200')
w.title('刻度条')
def show(text):
    print('v=',v.get())
v=StringVar()
scl=Scale(w,from_=0,to=100,resolution=0.1,orient=HORIZONTAL, \
    variable=v,command=show)
scl.set(50)
scl.pack()
w.mainloop()
```

程序运行结果如图 8-12 所示。

图 8-12 "刻度条"控件

8.5 文本框控件

文本框控件用来接收输入的字符串等信息,允许用户输入一行或多行文字。

8.5.1 单行文本框控件

Entry 单行文本框控件只能输入单行文字,常用属性如下。

master:代表了父窗口。

bg:设置背景颜色,例如 bg='red'。

fg:设置前景颜色。

font:设置字体大小,例如 font=('Helvetica 10 bold')。

relief:指定外观装饰边界附近的标签,默认是平的,可以设置的参数有 flat、groove、raised、ridge、solid、sunken,如 relief='groove'。

bd:设置控件的边框大小,默认为 1 或 2 像素。

textvariable:设置控件的 textvariable 属性。

【例 8-13】 单行文本框。

程序代码如下:

```
def disp():
    Label(w,text=v.get()).pack()
from tkinter import *
w=Tk()
w.geometry('300x200')
w.title('单行文本框')
v=StringVar()
v.set('123456')
ety=Entry(w,textvariable=v)
```

```
ety.config(show='*')                        #以*表示输入的字符
ety.pack()
Button(w,text='Disp',command=disp).pack()
w.mainloop()
```

程序运行结果如图 8-13 所示。

图 8-13 "单行文本框"控件

8.5.2 多行文本框控件

Text 多行文本框控件可以输入多行文本，并对文本内容进行获取、删除、插入等操作，具体的方法如下：

```
get(index1,index2)              #获取指定范围的文本
delete(index1,index2)           #删除指定范围的文本
insert(index,text)              #在 index 位置插入文本
replace(index1,index2,text)     #替换指定范围的文本
```

【例 8-14】 多行文本框。
程序代码如下：

```
from tkinter import *
w=Tk()
w.geometry('300x200')
w.title('多行文本框')
v=Text(w)
#格式：行.列,行号从1开始,列号从0开始
v.insert(1.0,'123456')
v.insert(END,'\n')
v.insert(2.0,'223456')
v.insert(END,'\n')
v.insert(3.0,'323456')
v.insert(END,'\n')
v.insert(4.0,'423456')
v.insert(END,'\n')
v.insert(5.0,'523456')
v.pack()
w.mainloop()
```

程序运行结果如图 8-14 所示。

图 8-14 "多行文本框"控件

8.6 菜单控件

Menu(菜单)控件是 Python 常用的控件之一。菜单控件是一个由许多菜单项组成的列表,每一条命令或一个选项以菜单项的形式表示。用户通过鼠标或键盘选择菜单项,以执行命令或选中选项。菜单项通常以相邻的方式放置在一起,形成窗口的菜单栏,并且一般置于窗口顶端。除菜单栏里的菜单外,还有快捷菜单,即平时在界面中是不可见的,当用户在界面中右击时才会弹出一个与单击对象相关的菜单。有时,菜单中一个菜单项的作用是展开另一个菜单,形成级联式菜单。

tkinter 模块提供 Menu 类用于创建菜单控件,具体用法是先创建一个菜单控件对象,并与某个窗口(主窗口或者顶层窗口)进行关联,然后再为该菜单添加菜单项。与主窗口关联的菜单实际上构成了主窗口的菜单栏。菜单项可以是简单命令、级联式菜单、复选框或一组单选按钮,分别用 add_command()、add_ cascade()、add_checkbutton()和 add_ radiobutton()方法添加。为了使菜单结构清晰,还可以用 add_separator()方法在菜单中添加分隔线。

【例 8-15】 创建菜单。

程序代码如下:

```
def f1():
    print('打开')
def f2():
    print('保存')
def f3():
    print('复制')
def f4():
    print('粘贴')
def f5():
    print('剪切')
from tkinter import *
root=Tk()
#创建菜单实例,也是一个顶级菜单
m=Menu(root)
```

```
#创建一个下拉菜单"文件",关联在顶级菜单上
#tearoff 是否关闭 tearoff 项目
f=Menu(m,tearoff=False)
#以下是下拉菜单中的具体命令,使用 add_command()方法添加
f.add_command(label='打开',command=f1)
f.add_command(label='保存',command=f2)
f.add_separator()                                    #添加分割线
f.add_command(label='退出',command=root.quit)
#在顶级菜单中关联"文件"菜单,即把下拉列表 f 添加到顶级菜单中
m.add_cascade(label='文件',menu=f)
#创建"编辑"菜单
edit=Menu(m,tearoff=True)
edit.add_command(label='复制',command=f3)
edit.add_command(label='粘贴',command=f4)
edit.add_separator()
edit.add_command(label='剪切',command=f5)
m.add_cascade(label='编辑',menu=edit)
#显示菜单
#还可以设置成 root['menu']=m,根窗口的 menu 属性是 m
root.config(menu=m)                                  #AAA
mainloop()
```

程运行结果如图 8-15 所示。

图 8-15　创建菜单

【例 8-16】 创建快捷菜单。

将例 8-15 倒数两行代码修改如下:

```
#root.config(menu=m)###AA
def disp(event):
    m.post(event.x,event.y)
root.bind('<Button-3>',disp)
mainloop()
```

程序运行结果如图 8-16 所示。

图 8-16　创建快捷菜单

8.7　对话框控件

tkinter 提供了一些可以直接创建标准对话框的控件。

8.7.1　messagebox 控件

messagebox 控件提供一系列用于显示信息或进行简单对话的消息框，通过 askyesno()、askquestion()、askyesnocancel()、askokcancel()、askretrycancel()、showerror()、showinfo()、showwarning() 创建。其中函数的返回值如表 8-1 所示。

表 8-1　messagebox 控件各函数的返回值

函　数　名	单击按钮	返　回　值
askyesno()	是	True
	否	False
askquestion()	是	'yes'
	否	'no'
askyesnocancel()	是	True
	否	False
	取消	None
askokcancel()	是	True
	取消	False
askretrycancel()	重试	True
	取消	False
showerror()	确定	'ok'
showinfo()	确定	'ok'
showwarning()	确定	'ok'

【例 8-17】　消息框。

程序代码如下：

```
from tkinter.messagebox import *
ask=askyesno(title='MsgDisp',message='Yes / No ? ')
#ask=showwarning(title='MsgDisp',message='Yes / No ? ')
if ask:
    showinfo(title='提示: ',message='继续')
else:
    showinfo(title='提示: ',message='结束')
```

程序运行结果如图 8-17 所示。

图 8-17　创建消息框

8.7.2　filedialog 控件

filedialog 控件用来创建浏览、打开和保存文件的对话框，一般通过调用函数 askopenfilename()和 asksaveasfilename()创建。

【例 8-18】　文件打开对话框。

程序代码如下：

```
from tkinter.filedialog import *
askopenfilename(title='AAA',filetype=[('Python','.py')])
```

程序运行结果如图 8-18 所示。

图 8-18　文件打开对话框

8.7.3 colorchoose 控件

colorchoose 控件用来创建选择颜色的对话框,一般通过调用函数 askcolor()创建。其返回值是一个包括颜色三元组和颜色值的元组,例如((255.99609375,0.0,0.0),'#ff0000')。

【例 8-19】 颜色选择对话框。

程序代码如下:

```
from tkinter.colorchooser import *
askcolor(title='Color')
```

程序运行结果如图 8-19 所示。

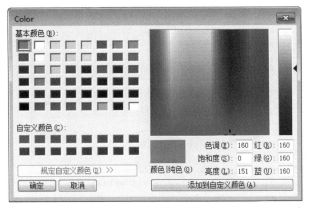

图 8-19 颜色选择对话框

8.8 布局与框架

tkinter 提供了 pack、grid 和 place 3 种布局管理器,根据界面设计的要求设置子控件在父控件中的位置。

8.8.1 pack 布局管理器

pack 布局管理器将所有控件组织为一行或一列,默认根据控件创建的顺序将控件自上而下地添加到父控件中,可以用 side、fill、expand、ipadx/ipady、padx/pady 等属性对控件的布局进行控制。

- side 属性:改变控件的排列位置,LEFT 表示居左,RIGHT 表示居右。
- fill 属性:设置填充空间,取值为 x 则在 x 轴方向填充,取值为 y 则在 y 轴方向填充,取值为 BOTH 则在 x 轴、y 轴两个方向上填充,取值为 NONE 则不填充。
- expand 属性:指定如何使用额外的"空白"空间,取值为 1 则随着父控件的大小变化而变化,取值为 0 则子控件大小不能扩展。
- ipadx/ipady 属性:设置控件内部在 x/y 轴方向的间隙。
- padx/pady 属性:设置控件外部在 x/y 轴方向的间隙。

【例 8-20】 pack 布局管理器。

程序代码如下:

```
from tkinter import *
loop=Tk()
loop.geometry('400x100')                        #改变 loop 的大小为 400x100
La=Label(loop,text='郑州',bg='blue').pack(expand=1,side=LEFT,ipadx=10)
Lb=Label(loop,text='北京',bg='green').pack(fill=BOTH,expand=1,\
    side=LEFT,ipadx=20)
Lc=Label(loop,text='南京',bg='red').pack(expand=0,side=RIGHT,ipadx=20)
Ld=Label(loop,text='广州',bg='yellow').pack(fill=X,expand=1,side=LEFT,\
    ipadx=5)
loop.mainloop()
```

程序运行结果如图 8-20 所示。

图 8-20 pack 布局管理器

8.8.2 grid 布局管理器

grid 布局管理器将窗口或框架视为一个由行和列构成的二维表格,并将控件放入行和列交叉处的单元格中。使用 grid 进行布局管理只需要创建控件,然后使用 grid()方法告诉布局管理器在合适的行和列去显示它们。不用事先指定每个网格的大小,布局管理器会自动根据里面的控件进行调整。

grid 布局管理用 grid()方法的选项 row、column 指定行、列编号。行、列都是从 0 开始编号,row 的默认值为当前的空行,column 的默认值总为 0。可以在布置控件时指定不连续的行号或列号,相对于预留了一些行或列,但这些预留的行或列是不可见的,因为行或列上没有控件存在,也就没有宽度和高度。

grid()方法的 sticky 选项用来改变对齐方式。tkinter 模块中常利用方位概念来指定对齐方式,具体方位值包括 N、S、E、W、CENTER,分别代表上、下、左、右、中心点;还可以取 NE、SE、NW、SW,分别代表右上角、右下角、左上角、左下角。将 sticky 选项设置为某个方位,就表示将控件沿单元格的某条边或某个角对齐。

如果控件比单元格小,未能填满单元格,则可以指定如何处理多余空间,比如在水平方向或垂直方向上拉伸控件以填满单元格。可以利用方位值的组合来延伸控件,例如,如果将 sticky 设置为 E+W,则控件将在水平方向上延伸,占满单元格的宽度;如果将 sticky 设置为 E+W+N+S(或 NW+SE),则控件将在水平和垂直两个方向上延伸,占满整个单元格。

如果想让一个控件占据多个单元格,可以使用 grid()方法的 rowspan 和 columnspan 选项来指定在行和列方向上的跨度。

【例 8-21】 grid 布局管理器。

程序代码如下:

```
from tkinter import *
w=Tk()
v1=IntVar()
v2=IntVar()
Label(w,text='姓名').grid(row=0,column=0,sticky=W)
Label(w,text='学号').grid(row=1,column=0,sticky=W)
Entry(w).grid(row=0,column=1)
Entry(w).grid(row=1,column=1)
Lf=LabelFrame(w,text='性别')
r1=Radiobutton(Lf,text='男',variable=v1)
r2=Radiobutton(Lf,text='女',variable=v1)
Lf.grid(sticky=W)
r1.grid(sticky=W)
r2.grid(sticky=W)
photo=PhotoImage(file='e:\\png\\a1.png')
L=Label(image=photo)
L.image=photo
L.grid(row=2, column=1, sticky=W+E+N+S, padx=5,pady=5)
w.mainloop()
```

程序运行结果如图 8-21 所示。

图 8-21　grid 布局管理器

8.8.3　place 布局管理器

place 布局管理器直接指定控件在父控件(窗口或框架)中的位置坐标。为使用这种布局,只需先创建控件,再调用控件的 place()方法,该方法的选项 x 和 y 用于设定坐标。父控件的坐标系以左上角为原点,X 轴方向向右,Y 轴方向向下。

由于(x,y)坐标确定的是一个点,而子控件可看成一个矩形,首先利用方位值指定子控件的基点,再利用 place()方法的 anchor 选项将子控件的基点定位于父控件的指定坐标处。可以实现一个或多个控件在父控件中的各种对齐方式。anchor 的默认值为 W,即控件的左上角,例如:

```
Label(w,text='111').place(x=0,y=0)        #标签置于主窗口的(0,0),基点为默认值
Label(w,text='222').place(x=199,y=199,anchor=SE)
                                          #标签置于主窗口的(199,199),基点为 SE
```

place 布局管理器既可以用绝对坐标指定位置,也可以用相对坐标指定位置,相对坐标通过选项 relx 和 rely 来设置,取值为 0~1,表示控件在父控件中的相对比例位置。例如,relx=0.5 表示父控件在 X 轴方向上的 1/2 处。相对坐标的好处是,当窗口改变大小时,控件位置可以随之调整,绝对坐标固定不变。例如:

```
Label(w,text='333').place(relx=0.2,rely=0.4,anchor=SW)
                                          #将标签布置于水平方向 1/5、垂直方向 2/5 处
```

除了指定控件位置外,place 布局管理器还可以指定控件大小。既可以通过选项 width 和 height 来定义控件的绝对尺寸,也可以通过选项 relwidth 和 relheight 来定义控件的相对尺寸,即控件在两个方向上的比例值。

place 是最灵活的布局管理器,但用起来比较麻烦,通常不适合对普通窗口和对话框进行布局,其主要用途是实现复合控件的定制布局。

8.9 事件处理

可视化用户界面中的各种控件和对象不仅用于设计应用程序的外观界面,还要处理界面中各个控件对应的操作,这就需要使界面和执行程序相关联,这种关联模式即事件处理。

8.9.1 事件处理程序

用户通过键盘或鼠标与可视化界面中的控件交互操作时,会触发各种事件(event)。事件发生时,需要应用程序对其进行响应或进行处理。

1. 事件的描述

tkinter 事件可以用特定形式的字符串描述,一般形式如下:

```
<修饰符>-<类型符>-<细节符>
```

其中,修饰符用于描述鼠标的单击、双击,以及键盘组合按键等情况;类型符指定事件类型,最常用的类型有分别表示鼠标事件和键盘事件的 Button 和 Key;细节符指定具体的鼠标键或键盘按键,如鼠标的左、中、右 3 个键分别用 1、2、3 表示,键盘按键用相应字符或按键名称表示。修饰符和细节符是可选的,而且事件经常可以使用简化形式。例如

<Double-Button-1>描述符中,修饰符是 Double,类型符是 Button,细节符是 1,描述的事件就是双击鼠标左键。

(1) 常用鼠标事件如下。

- <ButtonPress-1>：按鼠标左键,可简写为<Button-1>或<1>。类似的有<Button-2>或<2>(按鼠标中键)和<Button-2>(按鼠标右键)。
- <B1-Motion>：按住鼠标左键并移动鼠标。类似的有<B2-Motion>和<B3-Motion>。
- <Double-Button-1>：双击鼠标左键。
- <Enter>：鼠标指针进入控件。
- <Leave>：鼠标指针离开控件。

(2) 常用键盘事件如下。

- <KeyPress-a>：按 a 键,可简写为<Key-a>或 a(注意,要用"<>")。可显示字符,包括字母、数字和标点符号,但有两个例外：空格键对应的事件是<space>,"<"键对应的事件是<less>。注意,不带"<>"的数字(如 1)表示键盘事件,而带"<>"的数字(如<1>)表示鼠标事件。
- <Return>：按 Enter 键。不可显示字符都可像 Enter 键这样用<键名>表示对应事件,如<Tab>、<Shift_L>、<Control_R>、<Up>、<Down>、<F1>等。
- <Key>：按任意键。
- <Shift-Up>：同时按住 Shift 键和↑键。类似的还有 Alt 键组合、Ctrl 键组合。

2. 事件对象

每个事件都导致系统创建一个事件对象,并将该对象传递给事件处理函数。事件对象具有描述事件的属性,常用的属性如下。

- x 和 y：鼠标单击位置相对于控件左上角的坐标,单位是像素。
- x_root 和 y_root：鼠标单击位置相对于屏幕左上角的坐标,单位是像素。
- num：单击的鼠标键号,1、2、3 分别表示左、中、右键。
- char：如果按下可显示字符键,此属性是该字符。如果按下不可显示键,此属性为空串。例如按下任意键都可触发<Key>事件,在事件处理函数中可以根据传递来的事件对象的 char 属性确定具体按下的是哪一个键。
- keysym：如果按下可显示字符键,此属性是该字符。如果按下不可显示键,此属性设置为该键的名称,例如回车键是 Return、插入键是 Insert、光标上移键是 Up。
- keycode：所按键的 ASCII 码。注意,此编码无法得到键盘上挡字符的 ASCII 码。
- keysym_mun：keysym 的数值表示。对普通单字符键来说,就是 ASCII 码。

3. 事件处理函数的一般形式

事件处理函数是触发了某个对象的事件时而调用执行的程序段,一般都带一个 event 类型的形参,触发事件调用事件处理函数时,将传递一个事件对象。事件处理函数的一般形式如下：

```
def 函数名(event):
    函数体
```

在函数体中,可以调用事件对象的属性。事件处理函数在应用程序中定义,但不由应用程序调用,而是由系统调用,所以一般称为回调函数。

8.9.2 事件绑定

用户界面应用程序的核心是对各种事件的处理程序。应用程序一般在完成建立可视化界面工作后就进入一个事件循环,等待事件发生并触发相应的事件处理程序。事件与相应事件处理程序之间通过绑定建立关联。

1. 事件绑定的方式

在 tkinter 模块中,有 4 种不同的事件绑定方式。

1) 对象绑定

对象绑定是最常见的事件绑定方式。针对某个控件对象进行事件绑定称为对象绑定,也称为实例绑定。对象绑定只对该控件对象有效,对其他对象(即使是同类型的对象)无效。对象绑定通过调用控件 bind()方法实现,一般形式如下:

控件对象.bind(事件描述符,事件处理程序)

该语句的含义是,若控件对象发生了与事件描述符相匹配的事件,则调用事件处理程序。调用事件处理程序时,系统会传递一个 Event 类的对象作为实际参数,该对象描述了所发生事件的详细信息。

2) 窗口绑定

窗口绑定是绑定的一种特例(窗口也是一种对象),对窗口(主窗口或顶层窗口)中的所有控件对象有效,通过窗口的 bind()方法实现。

3) 类绑定

类绑定针对控件类,故对该类的所有对象有效,可通过任何控件对象的 bind_class()方法实现,一般形式如下:

控件对象.bind_class(控件类描述符,事件描述符,事件处理程序)

4) 应用程序绑定

应用程序绑定对程序中的所有控件都有效,通过任意控件对象的 bind_all()方法实现,一般形式如下:

控件对象.bind_all(事件描述符,事件处理程序)

2. 键盘事件与焦点

所谓焦点,就是当前正在操作的对象,例如,用鼠标单击某个对象,该对象就成为焦点。当用户按键盘中的一个键时,要求焦点在所期望的位置。图形用户界面中有唯一焦点,任何时刻都可以通过对象的 focus_set()方法来设置,也可以用键盘上的 Tab 键移动焦点。因此,键盘事件处理比鼠标事件处理多了一个设置焦点的步骤。

8.10 综合举例

【例 8-22】 通过单行文本框输入一个正整数,判断是否为偶数,结果用标签显示,如图 8-22 所示。

图 8-22 判断奇偶数

编程思路:设置单行文本框,通过按钮读取调用函数 Disp() 读取文本框内容,将字符串转为整数后进行判断,结果显示在标签内。

程序代码如下:

```
import tkinter as tk
from tkinter.font import Font
def disp():
    n=int(ety.get())
    if n%2==0:
        lab1.config(text='偶数')
    else:
        lab1.config(text='奇数')
w=tk.Tk()
w.geometry('300x200')
w.title("判断奇偶数")
my_font=Font(family="宋体", size=20)      #创建一个字体对象
ety=tk.Entry(w,font=my_font)              #创建文本框
ety.pack()
lab1=tk.Label(w,text='',font=my_font)
lab1.pack()
button=tk.Button(w, text="判断", command=disp,font=my_font)
                                          #创建按钮,单击时调用 disp() 函数
button.pack()
w.mainloop()
```

【例 8-23】 读取文本文件 f.txt,将文件内容显示在多行文本框控件内,并将修改结果保存在指定文件夹内,如图 8-23 所示。

图 8-23 多行文本框读写文件

文本文件 f.txt 的内容如下：

```
11111
22222
33333
AAAAA
```

编程思路：将文件 f.txt 读至 txt 字符串中，并用多行文本控件显示。经过修改后，选择文本框的全部内容，利用 asksaveasfile() 函数确定文件保存的名称和位置等信息，将全部数据写入文件中。

程序代码如下：

```python
import tkinter as tk
from tkinter.filedialog import *
def read_f():
    v.delete(1.0, tk.END)                    #删除文本框内所有内容
    wj='F.txt'
    txt=open(wj,"r",encoding='ansi').read()
    v.insert(1.0,txt)
def write_f():
    s=v.get(1.0,tk.END)                      #要写入的内容
    data=[('All tyes(*.txt)', '*.*')]
    f=asksaveasfile(filetypes=data,defaultextension=data)
    if not f:
        return 0
    ff=f.name
    with open(ff, 'w') as file:
        file.write(s)                         #写入文本
w=tk.Tk()
```

```
w.geometry('300x200')
w.title('多行文本框')
v=tk.Text(w,width=30,height=10)
v.pack()
button1=tk.Button(w, text="读文件",command=read_f)
                #创建按钮,点击时调用 read_f 函数
button1.pack()
button2=tk.Button(w, text="写文件",command=write_f)
                #创建按钮,点击时调用 write_f 函数
button2.pack()
w.mainloop()
```

【例 8-24】 通过颜色对话框选择前景颜色和背景颜色,根据选择的颜色设置标签,如图 8-24 所示。

图 8-24　颜色设置

编程思路:利用 tkinter 库的 colorchooser()函数选择颜色,对标签的前景色和背景色进行设置。

程序代码如下:

```
from tkinter.colorchooser import *
import tkinter as tk
from tkinter.font import Font
def co1():
    s=askcolor(title='Color')
    label.config(fg=s[1])
def co2():
    s=askcolor(title='Color')
    label.config(bg=s[1])
w=tk.Tk()
w.geometry('400x300')
w.title('这是主窗体')                                  #标题
w['width']=500                                       #宽度
w['height']=200                                      #高度
w.resizable(width=True,height=False)                 #宽度和高度是否可调
my_font=Font(family="宋体", size=30)                  #创建一个字体对象
```

```
label=tk.Label(w,text="Hello, Tkinter!",font=my_font)
label.pack()
button1=tk.Button(w,text="前景色",command=co1,font=my_font)
button1.pack()
button2=tk.Button(w,text="背景色",command=co2,font=my_font)
button2.pack()
w.mainloop()
```

【例 8-25】 利用消息框判断单行文本框的数据是否全部是数字,如图 8-25 所示。有以下选项。

图 8-25 判断数据有效性

(1) 全部是数字,显示输入正确消息框,并选择结束还是继续输入。
(2) 有非数字的字符,显示输入错误提示框,需要重新输入数据。
编程思路:利用 messagebox 控件提供的消息框的返回值进行处理。
程序代码如下:

```
from tkinter.messagebox import *
import tkinter as tk
def disp():
    s=ety.get()
    if s.isdigit():
        ask=askyesno(title='提示',message='数据输入正确,是否退出?')
        if ask:
            w.destroy()                    #关闭窗体
        else:
            ety.delete(0, 'end')           #清除文本框的内容
    else:
        showinfo(title='提示',message='数据输入错误,请重新输入!')
```

```
        ety.delete(0, 'end')
w=tk.Tk()
w.geometry('300x200')
w.title("数据有效性")
ety=tk.Entry(w)          #创建文本框
ety.pack()
button=tk.Button(w,text="判断",command=disp)
button.pack()
w.mainloop()
```

【例 8-26】 用户登录界面设计,登录成功后打开另一个窗口,如图 8-26 所示。

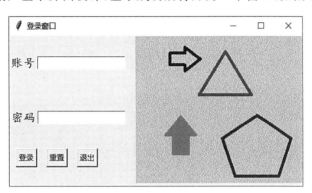

图 8-26 登录界面设计

编程思路:利用 place 布局管理器对控件进行设置,当账号和密码不为空时,关闭登录界面,打开新的窗口,并显示用户已登录成功的信息。

程序代码如下:

```
def Res():
    ent1.delete(0, 'end')                          #清除文本框的内容
    ent2.delete(0, 'end')
def disp():
    s1=ent1.get()
    s2=ent2.get()
    if len(s1)>0 and len(s2)>0:
        ask=askyesno(title='提示',message='登录成功,是否继续?')
        if not ask:
            w.destroy() #
        else:
            w.destroy()
            w1=Tk()
            w1.geometry("300x100+200+200")         #打开新的窗口
            w1.title('这是主窗体')
            L1=Label(w1,text='用户:'+s1+'登录成功',font=("楷体",14))
            L1.pack()
```

```
                #写相应的代码
                w1.mainloop()
        else:
            showinfo(title='提示',message='数据错误,请重新输入!')
def End():
    ask=askyesno(title='退出',message='是否退出?')
    if ask:
        w.destroy() #
from tkinter import *
from tkinter.messagebox import *
w=Tk()
w.geometry("480x240+200+200")
w.title('登录窗口')
myGif=PhotoImage(file="1.gif")        #该图片文件可从网站 bigwhiterabbit.top 上下载
Limg=Label(w,image=myGif,height=230)
Limg.grid(row=0,column=5,rowspan=3,padx=15,pady=1)
L1=Label(w,text="账号",font=("楷体",14))
L1.grid(row=0,column=0)
L2=Label(w,text="密码",font=("楷体",14))
L2.grid(row=1,column=0)
ent1=Entry(w)
ent1.grid(row=0,column=1)
ent2=Entry(w,show="*")
ent2.grid(row=1,column=1)
but1=Button(w,text="登录",command=disp)
but1.place(x=10,y=180)
but2=Button(w,text="重置",command=Res)
but2.place(x=60,y=180)
but3=Button(w,text="退出",command=End)
but3.place(x=110,y=180)
w.mainloop()
```

扫码答题

习题 8

一、简答题

1. 什么是主窗口？主窗口有什么作用？
2. 创建可视化界面的步骤是什么？
3. 常用的控件有哪些？
4. tkinter 的 3 种布局管理器各有什么作用？
5. tkinter 事件处理程序是如何工作的？

二、选择题

1. 按钮控件是（　　）。
   A. Label　　　　B. Button　　　　C. Message　　　　D. Frame
2. 标签控件是（　　）。
   A. Label　　　　B. Button　　　　C. Message　　　　D. Frame
3. 消息控件是（　　）。
   A. Label　　　　B. Button　　　　C. Message　　　　D. Frame
4. 单选按钮控件是（　　）。
   A. Radiobutton　　B. Checkbutton　　C. Entry　　　　D. Text
5. 多行文本框控件是（　　）。
   A. Radiobutton　　B. Checkbutton　　C. Entry　　　　D. Text
6. 单行文本框控件是（　　）。
   A. Radiobutton　　B. Checkbutton　　C. Entry　　　　D. Text
7. 复选框控件是（　　）。
   A. Radiobutton　　B. Checkbutton　　C. Entry　　　　D. Text
8. 列表框控件是（　　）。
   A. Listbox　　　B. Scrollbar　　　C. Scale　　　　D. Text
9. 滚动条控件是（　　）。
   A. Listbox　　　B. Scrollbar　　　C. Scale　　　　D. Text
10. 刻度条控件是（　　）。
    A. Listbox　　　B. Scrollbar　　　C. Scale　　　　D. Text

三、填空题

1. 选择颜色的对话框通过调用函数_____来创建。
2. 图形用户界面中有唯一焦点，可以用键盘上的_____键来移动焦点。
3. 为了使标签控件在窗口中可见，需要调用方法_____来设置。
4. 主窗口显示后，需要调用主窗口的_____方法，等待处理各种控件，直到关闭主窗口。
5. 通过控件的_____属性，可以设置其显示的内容。
6. 如果要输入学生的性别，用_____。
7. 如果要输入学生的兴趣和爱好，用_____。
8. 事件＜Button-1＞表示_____。
9. 事件＜Enter＞表示_____。
10. 控件的 bg 属性表示_____。

四、编程题

1. 编程设计一个简易计算器，实现加、减、乘、除运算。
2. 编程设计一个图片浏览器，查看文件夹中的图像文件。

第 9 章 文件和数据库

9.1 概述

前面章节讲的程序只是在计算机上运行并显示结果,但是无法把运算结果保存到计算机中,也无法从计算机中读取数据。计算机中的数据都是以文件的形式保存在磁盘上的,要将程序运行结果保存到计算机中或从计算机中读取,就需要学习文件的读写。

普通文件通过操作系统的存取方法对数据进行管理,数据库文件通过数据库管理系统(Database Management System,DBMS)对数据进行统一管理和控制。如果要访问数据库文件中的数据,需要连接到数据库管理系统对数据进行读写。

本章主要介绍 Python 系统中读写文本文件和二进制文件的基本方法、常用的文件和目录操作方法,以及连接数据库的方法。

9.1.1 文件的概念

文本文件是基于单一特定字符编码(如 ASCII、UTF-8)的文件,是一种典型的顺序文件,被广泛用于记录信息。文本文件(扩展名为.txt)、程序文件(如 Python 程序文件的扩展名为.py;C 语言程序文件的扩展名为.c;数据库脚本语言文件的扩展名为.sql)都是文本文件。二进制文件是基于值编码的文件,如音频、图片和视频文件等。

文件的读写方式可以是顺序的,也可以是随机的。从读写方式来说,文件可分为顺序文件和随机文件。

文件按照存储方式的不同可以分为文本文件和二进制文件。文本文件按照字符来存取,二进制文件按照字节(二进制数)来存取。计算机的存储在物理上是二进制的,文本文件与二进制文件的区别并不体现在物理上,而是体现在逻辑上。两者只是在编码层次上有差异。

文件的操作一般是打开/关闭、读写。打开后的文件处于被占用状态,其他进程不能操作。

9.1.2 数据库的概念

数据库文件是一种特殊的文件,使用数据库管理系统对数据进行统一管理和控制。

1. 数据库基本知识

数据库是指长期存储在计算机内的、有组织的、可共享的数据集合。数据库中的数据按一定的数据模型组织、描述和储存,具有较小的冗余度、较高的数据独立性和易扩展性,并可被各种用户共享。

数据库管理系统是操纵和管理数据库的一组软件,用于建立、使用和维护数据库。它对数据库进行统一的管理和控制,以保证数据库的安全性和完整性。用户通过数据库管理系统访问数据库中的数据。

数据模型是数据库中数据的存储方式,数据库的数据模型有 4 种,分别是层次模型、网状模型、关系模型和面向对象模型。关系模型是目前最重要的一种数据模型。目前比较流行的数据库系统如 SQLite、MySQL、SQL Server、Oracle 都采用了关系模型。

关系数据库采用了关系模型作为数据的组织形式。在关系数据库中,数据被存储在多个表中。每个关系逻辑上都是一个二维表,由行和列组成。关系数据库涉及的基本概念如下。

- 关系(RELATION):一个关系对应一个表。
- 元组(TUPLE):对应表中的一行,又称记录。
- 属性(ATTRIBUTE):对应表中的一列,又称字段。
- 主键(KEY):唯一标识一行的字段或字段集合。例如,学生基本信息表的关键字为学号。
- 域(DOMAIN):属性的取值范围,例如,性别字段只能有"男"或"女"两个取值,年龄字段的取值范围为 0~150。

2. SQL

SQL 是 1974 年由 Boyce 和 Chamberlin 提出的,后由 IBM 公司研制了关系数据库系统并实现了这种语言。经过不断发展和完善,SQL 最终发展成为关系数据库的标准语言。SQL 是一种综合的、功能强大、简单易学的语言,其核心功能只需要 9 个动词,如表 9-1 所示。

表 9-1 完成 SQL 核心功能的 9 个动词

SQL 核心功能	动　　词
数据查询(DQL)	SELECT
数据操纵(DML)	INSERT、UPDATE、DELETE
数据定义(DDL)	CREATE、DROP、ALTER
数据控制(DCL)	GRANT、REVOKE

3. SQLite3 数据库

SQLite 是一种嵌入式数据库,它的数据库就是一个文件。由于 SQLite 本身是使用

C语言编写的,而且体积很小,最低只需要几百千字节的内存就可以运行,对数据库的访问性能很高,支持 ANSI SQL92 中的大多数标准,并提供对子查询、视图、触发器等机制的支持。所以,SQLite3 经常被集成到各种应用程序中,甚至被集成到 iOS 和 Android 系统的 App 中。Python 集成了 SQLite3,可以在 Python 中直接使用。

SQLite3 采用动态数据类型,可以不声明列的类型。任何列可以存储任何类型的数据,SQLite3 支持的数据类型如表 9-2 所示。

表 9-2 SQLite3 支持的数据类型

类 型 名	说 明
NULL	空值
INTEGER	带符号整数,可根据数值大小占用字节数为 1、2、3、4、6、8
REAL	浮点数,8 字节 IEEE 浮点格式
TEXT	字符串,可用 UTF-8、UTF-16BE 或 UTF-16LE 编码存储
BLOB	无类型,保存二进制数据(如大量文本、图像、声音等)

SQLite 没有一个单独的用于存储日期和时间的存储类,但 SQLite 能够把日期和时间存储为 TEXT、REAL 或 INTEGER 值。

9.2 文件

9.2.1 文件的打开与关闭

1. 文件的打开

文件的打开语句如下:

```
文件对象=open(文件名[,模式][,encoding=编码模式])    #返回一个文件对象
```

文件名可以是全路径文件名,也可以是文件名。例如,要打开 D 盘下的 1.txt,则全路径文件名为"D:\\1.txt"。如果只是文件名,则 Python 打开当前目录下的文件,当前目录指命令行的当前目录。

文件打开模式分为读打开、写打开和追加打开,如表 9-3 所示。

表 9-3 文件打开模式

打开模式	说 明	文本 't'	二进制 'b'	读写 '+'
'r'	读文件,不存在则出错,默认	按照文本模式打开,省略模式则按照 'rt' 打开	按照二进制模式打开	按照读写模式打开
'w'	写文件,不存在则新建,存在则删除原内容重写			
'a'	追加写,不存在则新建			
'x'	写文件,存在则出错			

说明：
（1）以'w'模式打开，文件存在时，文件内容会被清除。
（2）以'x'模式打开已存在的文件会出错。
（3）如果修改现有文件的部分内容，只能以'r+'(文本)或'rb+'(二进制)打开。
（4）'a'模式打开，文件指针定位到文件末尾，其他模式下指针定位到文件开始。
（5）'r'、'w'、'a'、'x'可以和't'、'b'、'+'进行组合，打开二进制文件，则需要和'b'组合。
（6）文本文件也可以使用二进制模式打开。

2. 文件的关闭

Python写入时，是把字符串写入一个缓冲区中，当写入的字节小于缓冲区的大小时，就会一直存于缓冲区中，当写入的字节大于或等于缓冲区的大小时，就会自动写入文件中。文件操作结束之后，需要使用close()方法关闭，将缓冲区内容写入文件，释放文件的使用权。语法格式如下：

```
文件对象.close()
```

如果文件只有open语句，没有close语句，会导致缓冲区内存无法及时释放，浪费内存资源，且Python中同一时间能打开的文件数量是有限的，如果打开大量文件而没有关闭，会导致无法打开其他文件。

使用文件对象的flush方法可以在不关闭文件对象的情况下，将缓冲区内容写入文件。

可以使用with语句打开文件，结束时会自动调用close()方法，而且即使操作文件出错，也会自动调用close()方法关闭文件。因此，推荐使用with语句来操作文件。例如：

```
with open('D:\\1.txt','r') as f:
    print(f.read())
```

9.2.2 读文件

读取文件的方法如表9-4所示。

表 9-4 读取文件的方法

操 作 方 法	指 定 参 数	不 指 定 参 数
read(size=-1)	从文件中读取指定 size 的字符串或字节流	读取整个文件
readlines(sizeint=-1)	读取指定 sizeint 字节，返回列表	读入所有行，每行为元素返回一个列表
readline(size=-1)	从文件指针所在行中读取前 size 个字符	读取一行

read()如果不指定参数，则一次性读取整个文件，适用于较小的文件。当文件较大（如几十兆字节以上）时，一次性读入所有内容可能会影响程序性能。对于格式化的文本

文件或二进制文件,一般要指定参数,每次读取一部分。

readlines()读入所有行,如果文件较大,一次读取将占用较大内存,一般每次读取一行。建议使用可迭代对象f进行迭代遍历：for line in f,会自动地使用缓冲I/O以及内存管理,而不必担心任何大文件的问题。

readline()每次读取一行,通常比 readlines() 慢得多。仅当内存不足以一次读取整个文件时,才使用 readline(),readline()一般适用于读取文本文件。例如：

```
with open(filename, 'r') as f:
    for line in f:
        ...
```

注意：一般情况下,内存和磁盘交换数据是以页为单位,在 Windows 的 64 位计算机中,一页为8KB=8×1024B=8192B,所以 readlines()的参数 sizeint 只能是 8192 的整数倍,返回的结果才会有变化。也就是说,readlines(1)和 readlines(8192)的效果是一样的,但 realines(8193)和 realines(8192)的效果不一样。

【例 9-1】 打开一个文本文件,逐行打印,三种文件读取方法的代码如下。

逐行读取：

```
with open("1.txt", 'r') as f:
    for line in f:
        print(line)
```

使用 readlines()一次性读取：

```
with open("1.txt", 'r') as f:
    for line in f.readlines():
        print(line)
```

使用 readline()逐行读取：

```
with open("1.txt", 'r') as f:
    while True:
        aLine=f.readline()
        if (aLine!=''):
            print(aLine)
        else:
            break
```

9.2.3 写文件

文件对象写入的方法有两个,分别是 write()和 writelines(),如表 9-5 所示。

表 9-5 写文件的方法

方　　法	含　　义
write(s)	向文件中写入一个字符串或字节流 s,返回写入的字节数
writelines(lines)	向文件中写入一个字符串序列,字符串序列可以是由迭代对象产生的,换行需要手动添加换行符 \n

【例 9-2】 复制文件 1.jpg 为,并将新文件命名 2.jpg。

程序代码如下:

```
with open("1.jpg", 'rb') as fr, open("2.jpg", 'wb') as fw:
    while True:
        s=fr.read(8192)                              #每次读取 8192 字节
        if(s!=b''):
            fw.write(s)
        else:
            break
```

代码也可以修改如下:

```
with open("1.jpg", 'rb') as fr, open("2.jpg", 'wb') as fw:
    for line in fr.readlines():
        fw.write(line)
```

也可以将代码简化如下:

```
with open("1.jpg", 'rb') as fr, open("2.jpg", 'wb') as fw:
    fw.writelines(fr.readlines())
```

如果对同一文件同时进行读写操作,write()或 writelines()只是将内容写入了一个缓存区,并没有真正写入文件。如果写入之后直接移动指针进行读取,会发现本应写入指定位置的内容写入了文件末尾,为了避免错误,在写入之后、读取之前用 flush()方法将缓冲区内容写入文件中。

【例 9-3】 假如 D:\1.txt 文件中保存的是"ABCDE",运行以下代码:

```
with open('d:\\1.txt','r+') as f:
    s=f.read(1)
    f.seek(0,0)
    f.write('1')
    f.flush()               #对比该语句被注释掉和没有被注释掉的运行结果
    s=f.read(1)
    f.write('2')
```

1.txt 文件内容变为"1BCDE2",如果将 f.flush()注释掉,则文件内容变为"ABCDE12",这是因为 write('1')之后直接 read 文件,写入的"1"还在缓冲区,最后在文件关闭时附加到文件结尾了。write('2')之前有 read(),写指针定位到文件末尾。

9.2.4 文件指针

文件的读写都离不开文件的指针。

（1）当文件以'a'模式打开，文件指针定位到文件末尾，其他模式下指针定位到文件开始。

（2）读写文件时，文件指针一直指向将要读写的位置。当读写一段内容之后，指针会移动到读写的内容之后。

文件指针的操作方法有两个，如表 9-6 所示。

表 9-6　文件指针的操作方法

方法	含义
tell()	返回当前文件的指针位置
seek(偏移量,参考点)	根据参考点设置文件的位置。 参考点：0 为文件开头，1 为当前位置，2 为文件末尾。 偏移量：字节为单位。 没有使用'b'模式选项打开的文件，只允许从文件头（参考点为 0）开始计算相对位置

【例 9-4】　查找二进制文件 1.xls "DPB" 出现的位置，并将其替换为 "DPx"。

分析：.xls 文件为 Excel 早期版本的文件，无法使用文本方式打开，需要使用二进制方式打开。因为要按照二进制文件读取，所以打开模式为'rb+'。

程序代码如下：

```
with open("1.xls", 'rb+') as fr:
    fcontent=fr.read()                #一次读取全部文件内容
    i=fcontent.find(b'DPB')           #查找所在位置
    if(i!=-1):
        print(i)
    fr.seek(i,0)                      #定位文件指针
    fr.write(b'DPx')
```

9.2.5 截断文件

文件 truncate() 方法用于截断文件并返回截断的字节长度，语法如下：

```
文件对象.truncate([size])
```

如果省略 size，则从指针所在位置开始截断。

【例 9-5】　截取文件 2.txt 的内容。

程序代码如下：

```
with open("2.txt", 'r+',encoding="ansi") as fr:
    fr.seek(18)
```

```
fr.truncate()                #第18字节以后的内容全部删除
fr.seek(0,0)
line=fr.readlines()
print("剩余行: %s" %(line))
fr.truncate(10)              #截取前10字节
fr.seek(0,0)
str=fr.read()
print("剩余数据: %s" %(str))
```

2.txt 文件内容如图 9-1 所示，2.txt 每行文字除了可显示的 5 个字母，还有回车符和换行符，实际上每行字符是 7 个。因此，前 18 个字符读到第三行的'N'，前 10 个字符则读到第二行的'H'，执行结果如下：

```
剩余行: ['ABCDE\n', 'FGHIJ\n', 'KLMN']
剩余数据: ABCDE
FGH
```

图 9-1 2.txt 的文件内容

9.3 文件和目录操作

文件和目录操作是指对文件系统的文件或文件夹进行操作，常用的操作方法和函数如表 9-7 所示，使用方法时需要引用对应的模块。

表 9-7 常用的文件和目录的操作方法和函数

方法	描述	模块
getcwd()	获取当前工作的目录路径	os
chdir(path)	改变当前工作目录	
mkdir(path)	创建单个目录 path	
removedir(path)	删除单个目录 path	
listdir(path)	指定目录 path 下的所有文件和目录名	
remove(src)	删除文件 src	
rename(src,dst)	将文件 src 重命名为 dst 字符串	

续表

方　　法	描　　述	模　　块
isfile(path)	检验给出的路径是否是一个文件	os.path
isdir(path)	检验给出的路径是否是一个目录	
splitext(path)	分隔指定路径中的文件扩展名	
exists(path)	检验给出的路径是否存在	
join(path,filename)	连接路径和文件名	
splitext(src)	分离 src 的文件扩展名	
dirname(src)	分离 src 的文件路径名	
basename(src)	分离 src 的文件名	
getsize(size)	获取文件大小	
copy(src,dst)	将文件 src 复制为 dst	shutil
move(src,dst)	将文件 src 移动到 dst	

模块 os 和 shutil 中的其他方法还有许多,如果想要了解更多方法,可使用 help(os) 和 help(shutil)获得更详细的内容。

【例 9-6】 打印选定目录下所有目录和文件名。

程序代码如下:

```
import os
def print_dir():
    filepath=input("请输入一个路径: ")
    if filepath=="":
        print("请输入正确的路径")
    else:
        for i in os.listdir(filepath):
            print(os.path.join(filepath,i))

print(print_dir())
```

以下代码可以打印所有子目录的目录和文件名:

```
import os
def show_dir(filepath):
    for i in os.listdir(filepath):
        path=os.path.join(filepath,i)
        print(path)
        if os.path.isdir(path):
            show_dir(path)

filepath="f:\Python"
show_dir(filepath)                    #调用函数 show_dir
```

9.4 连接数据库

9.4.1 Python DB API

Python 定义了一套操作数据库的接口 DB API,它是一个规范,定义了一系列必需的对象和数据库存取方式,为不同的底层数据库系统提供一致的访问接口。使用它连接各数据库后,就可以用相同的方式操作各数据库。

Python DB API 包含数据库对象 Connect、Cursor 和 Exception。其中,Connect 是数据库连接对象,负责连接数据库;Cursor 是游标对象,负责执行 SQL 语句并保持执行结果;Exception 是异常对象,负责处理执行中的各种异常。

各数据库模块的编写人员按照规范实现相应的对象和方法,Python 程序通过引入相应的数据库模块实现对相应数据库的访问。

Python DB API 执行流程如图 9-2 所示。

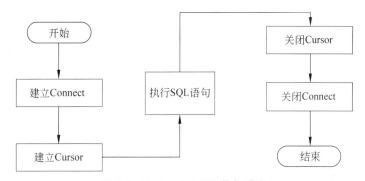

图 9-2　Python DB API 执行流程

1. Connect 对象

一般 Connect 对象通过以下语句获得:

```
connect 对象=数据库模块名.connect(连接参数)
```

说明:

(1) 数据库模块名根据连接的数据库需要引入,如表 9-9 所示。其中,SQLite3、MySQL、MS SQL、Oracle 都是数据库系统软件,ADO 是数据访问接口,ODBC 是开放数据库接口。Python 可以通过 ADO 或 ODBC 访问一些数据库,如 Access。

表 9-8　数据库所需模块名

数据库或接口	所 需 模 块	数据库或接口	所 需 模 块
SQLite3	sqllite3	Oracle	cx_Oracle
MySQL	pymysql	ADO	adodbapi
MS SQL	pymssql	ODBC	pyodbc

(2) 连接参数一般包括 IP 地址、端口、用户名、密码、数据库名等参数。有些数据库端口是公开且固定的(如 MS SQL 为 3341),可省略。有些单机数据库没有用户控制模块(如 SQLite3),连接时不需要用户名和密码,即一个文件只保存一个数据库,不需要数据库名。连接的例子如下。

① 连接 MySQL:

```
con=pymysql.connect(数据库服务器,用户名,密码,数据库名);
```

② 连接 ADO 对象:

```
con=adodbapi.connect(连接字符串);
```

③ 连接 ODBC:

```
con=pyodbc.connect(r'DRIVER={Microsoft Access Driver (*.mdb, *.accdb)};
DBQ=.\data\goods.mdb')
```

Connect 对象用于保存和数据库的连接,常用方法如表 9-9 所示。

表 9-9　Connect 对象的常用方法

方　　法	描　　述	备　　注
commit()	将事务提交到数据库	需要先关闭数据库的自动提交功能(con.autocommit(false)),有些数据库不支持事务
rollback()	将数据库回滚到事务开始状态,关闭之前没有调用 commit,隐含执行 rollback	
close()	关闭数据库	关闭之后,Cursor 无法再使用
cursor()	返回连接上的游标对象	

2. Cursor 对象

Cursor 对象用于操作数据库,常用方法和属性如表 9-10 所示。

表 9-10　Cursor 对象的常用方法和属性

方法和属性	说　　明
execute(op,[,args])	执行一条数据库查询和命令
executemany(op,[,args])	执行多条数据库查询和命令
fetchone()	获取结果集的下一行
fetchmany(size)	获取结果集的 size 行
fetchall()	获取结果集余下的所有行
rowrount	返回数据的行数或影响行数
close()	关闭游标对象

9.4.2 Python 连接 SQLite3

1. 创建数据库和表，并插入数据

【例 9-7】 创建一个数据库 school.db，建立一个表 student，并插入数据。

程序代码如下：

```
import sqlite3
#建立数据库
con=sqlite3.connect("D:\school.db")
cur=con.cursor()
#建表
cur.execute("create table student(id primary key,name,sex,birthday)")
#插入一行
cur.execute("insert into student(id,name,sex,birthday) values('20180310101',\
    '张三','男','2001-3-1')")
#带参数插入一行
cur.execute("insert into student(id,name,sex,birthday) values(?,?,?,?)",\
    ('20180310102','李四','男','2001-7-14'))
students={('20180310103','王五','男','2000-11-25'),('20180310104','赵六',\
    '女','2001-5-24'),('20180310106','钱七','女','2002-2-8')}
#插入多行
cur.executemany("insert into student(id,name,sex,birthday) values(?,?,?,?)",students)
con.commit()                                    #提交事务
cur.close()
con.close()
```

2. 查询数据

【例 9-8】 查询已建立的 student 表。

程序代码如下：

```
import sqlite3
con=sqlite3.connect("D:\school.db")
cur=con.cursor()
cur.execute("select * from student")
for row in cur:
    print(row)
cur.execute("select count(id) as 男同学人数 from student where sex='男'")
for row in cur:
    print(row)
cur.close()
con.close()
```

程序执行结果如下:

```
('20180310101', '张三', '男', '2001-3-1')
('20180310102', '李四', '男', '2001-7-14')
('20180310103', '王五', '男', '2000-11-25')
('20180310104', '赵六', '女', '2001-5-24')
('20180310106', '钱七', '女', '2002-2-8')
(3,)                                    #男生个数
```

3. 更新和删除数据

【例 9-9】 更新 student 表,将"钱七"的生日更新为"2002-3-8",并删除"赵六"的记录。

程序代码如下:

```
import sqlite3
con=sqlite3.connect("D:\school.db")
cur=con.cursor()
cur.execute("update student set birthday='2002-3-8' where id='20180310106'")
print("更新后")
cur.execute("select * from student")
for row in cur:
    print(row)
cur.execute("delete from student where id='20180310104'")
print("删除后")
cur.execute("select * from student")
for row in cur:
    print(row)
con.commit()        #此语句不能少,否则更新没有用
cur.close()
con.close()
```

程序执行结果如下:

```
更新后
('20180310101', '张三', '男', '2001-3-1')
('20180310102', '李四', '男', '2001-7-14')
('20180310103', '王五', '男', '2000-11-25')
('20180310104', '赵六', '女', '2001-5-24')
('20180310106', '钱七', '女', '2002-3-8')
删除后
('20180310101', '张三', '男', '2001-3-1')
('20180310102', '李四', '男', '2001-7-14')
('20180310103', '王五', '男', '2000-11-25')
('20180310106', '钱七', '女', '2002-3-8')
```

9.5 应用实例

【例 9-10】 软件每天都需要写一个新的日志文件,即在 D:\log 目录中以当天日期命名的文本文件中写入日志信息。如果 D:\log 不存在,则创建该目录。如果当天的日志文件不存在,则新建文件;如果当天的日志文件存在,则在文件结尾以当前时间写入一条信息"Hello"。

程序代码如下:

```
import os
import time
if not os.path.exists("D:\\log"):
    os.mkdir("D:\\log")
now=int(time.time())
timeStruct=time.localtime(now)
strDate=time.strftime("%Y%m%d", timeStruct)
strTime=time.strftime("%H:%M:%S", timeStruct)
logfile="D:\\log\\"+strDate+".txt"                    #日志文件名
if not os.path.exists(logfile):
    f=open(logfile,'w')
else:
    f=open(logfile,'a')
f.write(strTime+": Hello\n")
f.close()
```

【例 9-11】 读取 F:\Python\1.txt 文件,将其内容按行插入 SQLite3 数据库的 test 表中。

程序代码如下:

```
import sqlite3                                        #导入 sqlite3
con=sqlite3.connect('f:\\Python\\study.db')
cur=con.cursor()
cur.execute('create table if not exists test(id integer primary key,name text)') \
    fr=open('f:\\Python\\1.txt','r')    #打开要读取的 txt 文件
#将数据按行插入数据库的 test 表中
i=0
for line in fr.readlines():
    cur.execute('insert into test values(?,?)',(i,line))
    i=i+1
fr.close()
cur.close()
con.commit()                                          #事务提交
con.close()
```

习题 9

扫码答题

一、简答题

1. 文件的打开方式有几种？如果要改写一个文本文件，用哪种打开方式？
2. 文件没有写关闭语句会导致什么后果？
3. 读文件的方法有哪些？区别是什么？
4. 如何遍历一个目录下所有文件和文件夹？
5. Python DB API 接口包括哪些对象？其执行流程是什么？

二、选择题

1. Python 文件只读打开模式是（　　）。
   A. 'w'　　　　　B. 'x'　　　　　C. 'b'　　　　　D. 'r'
2. 以下选项中，不是 Python 对文件的打开模式的是（　　）。
   A. 'w'　　　　　B. '+'　　　　　C. 'c'　　　　　D. 'r'
3. 给出如下代码：

```
fname=input("请输入要打开的文件：")
fo=open(fname, "r")
for line in fo.readlines():
    print(line)
fo.close()
```

关于上述代码的描述中，错误的是（　　）。

　　A. 通过 fo.readlines()方法将文件的全部内容读入一个字典 fo

　　B. 通过 fo.readlines()方法将文件的全部内容读入一个列表 fo

　　C. 上述代码可以优化为：

```
fname=input("请输入要打开的文件：")
fo=open(fname, "r") for line in fo.readlines():
    print(line)
fo.close()
```

　　D. 用户输入文件路径，以文本文件方式读入文件内容并逐行打印

4. 以下关于 Python 文件打开模式的描述中，错误的是（　　）。
   A. 覆盖写模式'w'　　　　　　　　B. 追加写模式'a'
   C. 创建写模式'n'　　　　　　　　D. 只读模式'r'
5. 以下选项中，不是 Python 对文件的写操作方法的是（　　）。
   A. writelines()　　　　　　　　　B. write()
   C. write()和 seek()　　　　　　　D. writetext()
6. 以下对文件的描述中，错误的是（　　）。
   A. 文件中可以包含任何数据内容
   B. 文本文件和二进制文件都是文件

C. 文本文件不能用二进制文件方式读入

D. 文件是一个存储在辅助存储器上的数据序列

7. Python 文件读取方法 read(size)的含义是( )。

　　A. 从头到尾读取文件所有内容

　　B. 从文件中读取一行数据

　　C. 从文件中读取多行数据

　　D. 从文件中读取指定 size 大小的数据,如果 size 为负数或者空,则读取到文件结束

8. 执行如下代码：

```
fname=input("请输入要写入的文件:")
fo= open(fname,"w+")
ls= ["清明时节雨纷纷,","路上行人欲断魂,","借问酒家何处有?","牧童遥指杏花村。"]
fo.writelines(ls)
fo.seek(0)
for line in fo.print(line)
fo.close()
```

以下选项中,错误的是( )。

　　A. fo.writelines(ls)将元素全为字符串的 ls 列表写入文件

　　B. fo.seek(0)代码如果省略,也能打印输出文件内容

　　C. 代码的主要功能是向文件写入一个列表类型,并打印输出结果

　　D. 执行代码时,从键盘输入"清明.txt",则"清明.txt"被创建

9. os.path 模块检查文件是否存在的函数是( )。

　　A. isfile(path)　　　　　　　　B. isdir(path)

　　C. splitext(path)　　　　　　　D. exists(path)

10. 文件 book.txt 在当前程序所在目录内,其内容是一段文本：book,下面代码的输出结果是( )。

```
txt=open("book.txt", "r")
print(txt)
txt.close()
```

　　A. book.txt　　　　　　　　　B. txt

　　C. book　　　　　　　　　　　D. 以上答案都不对

三、填空题

1. 对文件进行写入操作之后,_____方法用来在不关闭文件对象的情况下将缓冲区内容写入文件。

2. Python 中,内置函数_____用来打开或创建文件并返回文件对象。

3. 使用关键字_____可以自动管理文件对象,不论何种原因结束该关键字中的语句块,都能保证文件被正确关闭。

4. Python 标准库 os 中用来列出指定文件夹中的文件和子文件夹列表的方式

是_____。

5. Python 标准库 os.path 中用来判断是否是文件的方法是_____。

6. Python 标准库 os.path 中用来分割指定路径中的文件扩展名的方法是_____。

7. 已知当前文件夹中有纯英文文本文件 readme.txt，把 readme.txt 文件中的所有内容复制到 dst.txt 中，代码如下：

```
with open('readme.txt') as src,open('dst.txt',_____)
```

8. 打开一个文件 a.txt，如果该文件不存在则创建，存在则产生异常并报警。试补充如下代码：

```
try:
    f=open("a.txt", "_")
except:
    print("文件存在,请小心读取!")
finally
    f.____()
```

四、编程题

1. 一般将写日志程序专门设计为一个函数供其他模块调用，请将例 6-4 中的程序改写为一个函数，函数参数为要写入的字符串，并调用该函数进行测试。

2. 编写程序，随机产生 20 个数字（范围 1~100）构成列表，将该列表从小到大排序后写入文件的第一行，然后从文件中读取文件内容到列表中，再将该列表从大到小排序后追加到文件的下一行。

3. 使用字典和列表型变量完成某课程的考勤记录统计，班级名单由考生目录下的文件 Name.txt 给出，某课程第一次考勤数据由考生目录下的文件 1.csv 给出。编程输出第一次缺勤同学的名单。

4. 编写程序，创建数据库 contract.db，创建 sales 表（字段包括 id、日期、客户 id、产品 id、产品数量，主键为 id），对数据表进行插入、删除和修改操作。

第 10 章　面向对象程序设计

　　Python 语言从设计之初就是一门面向对象的语言,因此,在 Python 语言中创建一个类和对象是很容易的。传统的程序设计是基于求解过程来阻止程序流程的,在这类过程中,数据和程序是各自独立设计的,程序的执行就是对数据的操作过程。而面向对象程序设计则是以对象为程序的主体,将程序和数据封装在其中,以提高软件的灵活性、重用性和可扩展性。

　　和 C++ 语言一样,Python 语言引入了 class 关键字来定义类,类把数据和程序组合在一起,是面向对象程序设计的基础。对象是类的实例,类定义了属于该类的所有对象的共同特性。

　　前面各章程序所采用的方法是结构化程序设计思想,是面向过程的,其数据和处理数据的程序是分离的。一个面向对象的 Python 程序是将数据和处理数据的函数封装到一个类中,而属于类的变量称为对象。在一个对象内,只有属于该对象的函数才可以存取该对象的数据,其他函数不能对它进行操作,从而达到数据保护和隐藏的效果。

　　面向过程的程序设计把求解问题的程序视为一系列语句的集合,为了简化程序设计,面向过程程序设计就是采用自顶向下的方法,分析出解决问题所需要的步骤,将程序分解为若干个功能模块,每个功能模块用函数来实现。而面向对象程序设计是把构成问题的各个事务分解成各个对象,建立对象的目的不是完成一个步骤,而是描述一个事物在整个解决问题过程中的行为。每个对象都可以接收其他对象发过来的消息,并处理这些消息,计算机程序的执行就是一系列消息在各个对象之间传递的结果。

　　面向对象和面向过程是两种不同的程序设计方法,没有哪一种绝对完美,要根据具体需求拟订开发方案。例如,开发一个小型软件或应用程序,工程量小,短时间内即可完成,完全可以采用面向过程的开发方式,而使用面向对象方法反而会增加代码量,降低开发效率。面向对象程序设计是面向过程程序设计的补充和完善,对开发较大规模的程序而言,可以显著提高软件开发的效率。因此,不要把面向对象和面向过程对立起来,它们不是矛盾的,而是各有用途、互为补充的。

　　一个面向对象的程序一般由类的声明和类的使用两部分组成。类的使用部分一般由主程序和有关函数组成。这时,程序设计始终围绕"类"展开。

通过声明类，构建了程序所要完成的功能，体现了面向对象程序设计的思想。在 Python 语言中，所有数据类型都可以视为对象，当然也可以自定义对象。自定义的对象数据类型就是面向对象中的类的概念。

10.1 基本概念

面向对象程序设计涉及类、对象、消息、封装、继承、多态等概念，这些概念既是对现实世界的归纳和解释，也是实现面向对象程序设计的基础。

1. 类

类(Class)是具有相同属性和服务的一组对象的集合。它为属于该类的所有对象提供了统一的抽象描述，其内部包括属性和服务两个主要部分。任何对象都是某个类的实例。例如，学生是一个类，而每一个具体的学生是该类的一个对象或实例。在面向对象的编程语言中，类是一个独立的程序单位，它应该有一个类名，并包括属性说明和服务说明两个主要部分。

程序中通常有很多相似的对象，它们具有相同名称和类型的属性，响应相同的消息，使用相同的方法。对每一个这样的对象单独进行定义是很浪费的，因此将相似的对象分组形成一个类，每个这样的对象被称为类的一个实例，一个类中的所有对象共享一个公共的定义，尽管它们对属性所赋予的值不同。例如，所有的学生构成学生类，所有的教师构成教师类等。类的概念是面向对象程序设计的基本概念，通过它可实现程序的模块化设计。

2. 对象

对象(Object)是系统中用来描述客观事物的一个实体，它是构成系统的基本单位。一个对象由一组属性和对这组属性进行操作的一组服务组成。从更抽象的角度来说，对象是问题域或实现域中某些事物的一个抽象，反映该事物在系统中需要保存的信息和发挥的作用，是一组属性和有权对这些属性进行操作的一组服务的封装体。客观世界是由对象和对象之间的联系组成的。

现实世界中客观存在的事物称为对象，它可以是有形的，例如一名学生、一辆汽车、一个学校等，也可以是无形的，如一堂课、一场比赛、一次旅行等。任何对象都有各自的特征（属性）和行为（方法），如一个人有姓名、身高、体重等特征，也具有言谈举止等动作行为。

类和对象的区别：

(1) 类是一个抽象的概念，它不存在于现实中的时间和空间里，类只是为所有的对象定义了抽象的属性与行为。例如 Person(人)类虽然可以包含很多个体，但是自身不存在于现实世界中。

(2) 对象是类的一个具体。它是一个实实在在存在的东西。

(3) 类是一个静态的概念，类本身不携带任何数据。当没有为类创建任何对象时，类本身不存在于内存空间中。

(4) 对象是一个动态的概念。每一个对象都存在有别于其他对象的、属于自己的、独特的属性和行为。对象的属性可以随着自己的行为而发生改变。

3. 消息

一个系统由若干个对象组成，各个对象之间通过消息（Message）相互联系、相互作用。消息是一个对象要求另一个对象实施某项操作的请求。发送者发送消息，在一条消息中，需要包含消息的接收者和要求接收者执行某项操作的请求，接收者通过调用相应的方法响应消息，这个过程被不断地重复，从而驱动整个程序的运行。

4. 封装

封装（Encapsulation）是指把对象的数据（属性）和操作数据的过程（方法）结合在一起，构成独立的单元，它的内部信息对外界是隐蔽的，不允许外界直接存取对象的属性，只能通过使用类提供的外部接口对该对象实施各项操作，保证了程序中数据的安全性。

类是数据封装的工具，是一种信息隐蔽技术，是对象的重要特性。对象是封装的实现，封装使数据和加工该数据的方法（函数）被封装为一个整体，以实现独立性很强的模块，使用户只能见到对象的外特性（对象能接收哪些消息，具有哪些处理能力），而对象的内特性（保存内部状态的私有数据和实现加工能力的算法）对用户是隐蔽的。类的访问控制机制体现在类的成员中，类可以有公有成员、私有成员和保护成员。对于外界而言，只需要知道对象所表现的外部行为，而不必了解内部实现细节。封装的目的在于把对象的设计者和对象的使用者分开，使用者不必知晓行为实现的细节，只需要使用设计者提供的消息来访问该对象。

5. 继承

继承（Inheritance）反映的是类与类之间抽象级别的不同，根据继承与被继承的关系，可分为基类和衍类，基类也称为父类，衍类也称为子类。正如"继承"这个词的字面含义一样，子类将从父类那里获得所有的属性和方法，并且可以对获得的属性和方法加以改造，使之具有自己的特点。

一个父类可以派生出若干子类，每个子类都可以通过继承和改造获得自己的一套属性和方法，因此父类表现出的是共性和一般性，子类表现出的是个性和特性，父类的抽象级别高于子类。继承具有传递性，子类又可以派生出下一代孙类，相对于孙类，子类将成为其父类，具有比孙类高的抽象级别。继承反映的类与类之间的这种关系，使程序设计人员可以在已有的类的基础上定义和实现新类，有效地支持了软件组件的复用，使系统中增加新特征时所需的新代码最少。

类的对象是各自封闭的，如果没有继承性机制，则类对象的数据、方法就会出现大量重复。继承不仅支持系统的可重用性，而且还促进系统的可扩充性。

6. 多态

多态（Polymorphism）是指同一名字的方法产生了多个不同的动作或行为，也就是不同的对象收到相同的消息时产生不同的行为方式。例如，"上课"是师生类具有的动作行为，"响铃"消息发出以后，老师和学生都要"上课"，但老师是"讲课"，而学生是"听课"。

对象根据所接收的消息而做出动作。同一个消息为不同的对象接收时可产生完全不同的行动，这种现象称为多态性。利用多态性，用户可发送一个通用的信息，而将所有的实现细节都留给接收消息的对象自行决定，即同一个消息即可调用不同的方法。多态性的实现得到继承性的支持，利用类继承的层次关系，把具有通用功能的协议存放在尽可能高的类层次中,而将实现这一功能的不同方法置于较低层次,这样,在这些低层次上生成的对象就能给通用消息以不同的响应。

综上可知,在面向对象方法中,对象和传递的消息分别表现为事物及事物间相互联系的概念。类和继承是适应人们一般思维方式的描述范式。方法是允许作用于该类对象上的各种操作。这种对象、类、消息和方法的程序设计范式的基础在于对象的封装性和类的继承性。通过封装能将对象的定义和对象的实现分开,通过继承能体现类与类之间的关系,以及由此带来的动态联编和实体的多态性,从而构成了面向对象程序设计的基本特征。

将多态的概念应用于面向对象程序设计,增强了程序对客观世界的模拟性,使对象程序具有更好的可读性,更易于理解,而且显著提高了软件的可复用性和可扩充性。

10.2 类与对象

从程序设计语言的角度来看,类是一种数据类型,而对象是具有这种数据类型的变量。类是抽象的,不占用内存空间;而对象是具体的,占用内存空间。定义对象后,系统将为对象变量分配内存空间。

10.2.1 类的定义

在 Python 中,通过关键字定义类,一般格式如下:

```
class 类名:
    类体
```

类的定义由类头和类体两部分组成。类头由关键字 class 开头,后面紧跟类名,其命名规则与一般标识符的命名规则一致。类名的首字母一般采用大写,类名后面有一个冒号。类体中包括类的所有细节,向右缩进对齐。

类体定义类的成员,有两种类型的成员:一是数据成员,描述问题的属性;二是成员函数,描述问题的行为(方法)。这样,就把数据和操作封装在一起,体现了类的封装性。

一个类定义完成之后,就产生了一个类对象。类对象支持两种操作:引用和实例化。引用操作是通过类对象去调用类中的属性或方法;而实例化是产生一个类对象的实例,称为实例对象。例如定义了一个 A 类:

```
class A:
    c='abc'
    def F(self):
        print(self.c)
```

类定义完成之后就产生了一个全局的类对象,可以通过类对象来访问类中的属性和方法。

10.2.2 对象的创建和访问

类是抽象的,要使用类定义的功能,就必须将类实例化,即创建类的对象。在 Python 中,用赋值的方式创建类的实例,一般格式如下:

```
对象名=类名(参数列表)
```

创建对象后,可以使用"."运算符,通过实例对象来访问这个类的属性和函数,一般格式如下:

```
对象名.属性名
对象名.函数名()
```

可以对以上定义的 A 类进行实例化操作,语句"p＝A()"产生了一个 A 的实例对象,此时也可以通过实例对象 p 来访问 A 定义的属性和方法,以 p.c、p.F()的形式调用。

【例 10-1】 类和对象。

程序代码如下:

```
class R:
    name='abc'                              #定义属性
    x=1
    y=2
    def disp(self):                         #定义方法
        print(self.name,'=',self.x+self.y)
d=R()                                       #创建实例对象
d.x=3                                       #调用属性
d.disp()                                    #调用方法
```

程序运行结果如下:

```
abc=5
```

10.3 属性和方法

在例 10.1 R 类的定义中,name 是一个属性,disp()是一个方法,与某个对象进行绑定的函数称为方法。一般在类里面定义的函数与类对象或实例对象进行绑定,称为方法;而在类外面定义的函数没有与对象进行绑定,就称为函数。

10.3.1 属性和方法的访问控制

1. 属性的访问控制

在类中可以定义一些属性,例如:

```
class Stu:
    name='ABC'
    mark=66
s=Stu()
print(s.name,s.mark)
```

上面定义了 Stu 类,其中定义了 name 和 mark 属性,默认值分别为'ABC'和 66。在定义了类之后,就可以用来产生实例化对象了,语句"s＝Stu()"实例化了一个 s,然后就可以通过 s 读取属性了。这里的 name 和 mark 都是公有的,可以直接在类外通过对象名访问,如果想定义成私有的,则需在前面加两个下画线"＿＿"。例如:

```
class Stu:
    __name='ABC'
    __mark=66
s=Stu()
print(s.__name,s.__mark)
```

程序运行时会出现错误提示:

```
AttributeError: 'Stu' object has no attribute '__name'
```

提示找不到该属性,因为私有属性是不能在类外通过对象名来进行访问的。在 Python 中,不能像在 C++ 语言中一样用 public 和 private 等关键字来区别公有属性和私有属性,它是以属性命名方式来区分的,如果在属性前面加了双下画线,则表明该属性是私有属性,否则为公有属性。对于类中的方法也一样,如果在方法名前面加了两个下画钱,则表示该方法是私有的,否则为公有的。

2. 方法的访问控制

在类中,可以根据需要定义一些方法,定义方法采用 def 关键字。类中定义的方法至少会有一个参数,一般用名为 self 的变量作为该参数(也可以使用其他名称),而且需要作为第一个参数。

【例 10-2】 方法的访问控制。

程序代码如下:

```
class Stu:
    __name='ABC'
    __mark=66
    def getname(self):
        return self.__name
    def getmark(self):
        return self.__mark
s=Stu()
print(s.getname(),s.getmark())
```

程序运行结果如下:

```
ABC 66
```

以上程序中的 self 是对象自身的意思,在用某个对象调用该方法时,就将该对象作为第一个参数传递给 self。

10.3.2 类属性和实例属性

1. 类属性

类属性(Class Attribute)就是类对象所拥有的属性,它被所有类对象的实例对象所公有,在内存中只存在一个副本,与 C++ 中类的静态成员变量有点类似。对于公有的类属性,在类外可以通过类对象和实例对象访问。例如:

```
class Stu:
    name='ABC'          #公有的类属性
    __mark=66           #私有的类属性
s=Stu()
print(s.name)           #正确,但不提倡
print(Stu.name)         #正确
print(s.__mark)         #错误,不能在类外面通过实例对象访问私有的类属性
print(Stu.__mark)       #错误,不能在类外面通过类对象访问私有的类属性
```

类属性是在类中方法之外定义的,属于类,可以通过类访问。尽管也可以通过对象来访问类属性,但不建议这样做,因为这样做会导致类属性值不一致。

类属性还可以在类定义结束之后通过类名增加。例如,下列语句给 Person 类增加属性 n:

```
class Stu:
    name='ABC'
    __mark=66
Stu.n=100
s=Stu()
print(s.n)
```

程序运行结果如下:

```
100
```

在类外对类对象 Stu 进行实例化之后,产生了一个实例对象 s,然后通过上面语句给 s 添加了一个实例属性 k,赋值为 123。这个实例属性是实例对象 s 所特有的。如果再产生一个实例对象 d,则不能拥有这个属性 k,所以不能通过类对象 d 来访问属性 k。例如:

```
class Stu:
    name='ABC'
    __mark=66
```

```
Stu.n=100
s=Stu()
s.k=123
print(s.n,s.k)
d=Stu()
print(d.n,d.k)                              #错误
```

2. 实例属性

实例属性不需要在类中显式定义,而是在__init__构造函数中定义,定义时以 self 作为前缀。也可以在其他方法中随意添加新的实例属性,但并不提倡这么做,所有的实例属性最好在__init__构造函数中给出。实例属性属于实例(对象),只能通过对象名访问。例如:

```
class Stu:
    def __init__(self,s):
        self.name=s
    def F1(self):
        self.h=20
d=Stu('ABC')
d.F1()
print(d.name,d.h)
```

如果需要在类外修改类属性,则必须先通过类对象去引用,然后进行修改。如果通过实例对象去引用,则会产生一个同名的实例属性,这种方式修改的是实例属性,不会影响类属性,并且之后如果通过实例对象去引用该名称的属性,实例属性会强制屏蔽类属性,即引用的是实例属性,除非删除了该实例属性。例如:

```
class C:
    s='ABC'
print(1,C.s)
a=C()
print(2,a.s)
a.s='DEF'
print(3,a.s)
print(4,C.s)          #类属性不变
del a.s
print(5,a.s)          #实例属性删除后,恢复原样原有的类属性
```

程序运行结果如下:

```
1 ABC
2 ABC
3 DEF
4 ABC
5 ABC
```

10.3.3 类的方法

1. 类中内置的方法

Python 中有一些内置的方法,这些方法的命名有特殊的约定,一般以双下画线开始并以双下画线结束。类中最常用的就是构造方法和析构方法。

1) 构造方法

构造方法__init__(self,…)在生成对象时调用,可以用来进行一些属性初始化操作,不需要显式调用,系统会默认去执行。构造方法支持重载,如果用户自己没有重新定义构造方法,系统就自动执行默认的构造方法。

【例 10-3】 构造方法使用示例。

程序代码如下:

```
class P:
    def __init__(self,s):
        self.k=s
    def disp(self):
        print(self.k)
p=P('ABC')
p.disp()
```

程序运行结果如下:

```
ABC
```

__init__方法中用形参 s 对属性 k 进行初始化。注意,它们是两个不同的变量,尽管它们可以有相同的名字。更重要的是,程序中没有专门调用__init__方法,只是在创建一个类的新实例时,把参数包括在括号内跟在类名后面,从而传递给__init__方法。这是这种方法的重要之处。能够在该方法中使用 self.k 属性(也称为域),这在 disp 方法中得到了验证。

2) 析构方法

析构方法__del__(self)在释放对象时调用,支持重载,可以在其中进行一些释放资源的操作,不需要显式调用。

例 10-4 说明了类的普通成员函数以及构造方法和析构方法的作用。

【例 10-4】 类的普通成员函数以及构造方法和析构方法的应用。

程序代码如下:

```
class P:
    def __init__(self):
        print('init')
    def __del__(self):
        print('del')
    def disp(self):
```

```
        print('disp')
p=P()
p.disp()
del p
```

程序运行结果如下:

```
init
disp
del
```

类 P 中,_ _init_ _(self)构造函数具有初始化的作用,即当该类被实例化时就会执行该函数,可以把要先初始化的属性放到这个函数里面。其中的_ _del_ _(self)方法就是一个析构函数,当使用 del 删除对象时,会调用对象本身的析构函数。另外,当对象在某个作用域中调用完成后,在跳出其作用域的同时,析构函数也会被调用一次,这样可以释放内存空间。disp(selt)是一个普通函数,通过对象进行调用。

2. 类方法、实例方法和静态方法

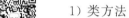

1) 类方法

类方法是类对象所拥有的方法,需要使用修饰器@classmethod 来标识其为方法。对于类方法,第一个参数必须是类对象,大都习惯用"cls"作为第一个参数的名字(也可以使用其他名称),可以通过实例对象和类对象去访问类方法。例如:

```
class P:
    s='ABC'
    @classmethod
    def ret(cls):
        return cls.s
p=P()
print(p.ret())                    #通过实例对象引用
print(P.ret())                    #通过类对象引用
```

程序运行结果如下:

```
ABC
ABC
```

还可以使用类方法对类属性进行修改,例如:

```
class P:
    s='ABC'
    @classmethod
    def ret(cls):
        return cls.s
    @classmethod
    def edit(cls,s1):
```

```
        cls.s=s1
p=P()
p.edit('DEF')
print(p.ret())
print(P.ret())
```

程序运行结果如下:

```
DEF
DEF
```

说明在使用类方法对类属性进行修改之后,通过类对象和实例对象访问的类属性都发生了改变。

2) 实例方法

实例方法就是类中最常见的成员方法,它至少有一个参数并且必须以实例对象作为其第一个参数,一般以名为"self"的变量作为第一个参数(也可以使用其他名称)。在类外,实例方法只能通过实例对象去调用。例如:

```
class P:
    s='ABC'
    def ret(self):
        return self.s
p=P()
print(p.ret())              #正确,可以通过实例对象引用
print(P.ret())              #错误,不能通过类对象引用实例方法
```

3) 静态方法

静态方法需要通过修饰器@staticmethod进行修饰,不需要多定义参数。例如:

```
class P:
    s='ABC'
    @staticmethod
    def ret():                      #静态方法
        return P.s
print(P.ret())
p=P()
print(p.ret())
```

程序运行结果如下:

```
ABC
ABC
```

对于类属性和实例属性,如果在类方法中引用某个属性,则该属性必定是类属性。如果在实例方法中引用某个属性(不做更改),并且存在同名的类属性,此时若实例对象有该

名称的实例属性,则实例属性会屏蔽类属性,即引用的是实例属性;若实例对象没有该名称的实例属性,则引用的是类属性。如果在实例方法中更改某个属性,并且存在同名的类属性,此时若实例对象有该名称的实例属性,则修改的是实例属性。若实例对象没有该名称的实例属性,则创建一个同名称的实例属性。想要修改类属性,如果在类外,可以通过类对象修改;如果在类里面,只有在类方法中进行修改。

从类方法、实例方法和静态方法的定义形式中可以看出,类方法的第一个参数是类对象 cls,那么通过 cls 引用的必定是类对象的属性和方法;而实例方法的第一个参数是实例对象 self,那么通过 self 引用的可能是类属性,也可能是实例属性,不过在存在相同名称的类属性和实例属性的情况下,实例属性的优先级更高;静态方法中不需要额外定义参数,因此如果需要在静态方法中引用类属性,则必须通过类对象来引用。

10.4 继承和多态

10.4.1 继承

面向对象程序设计的主要好处就是代码的重用。当设计一个新类时,为了实现这种重用,可以继承一个已设计好的类。一个新类从已有的类那里获得其已有特性,这种现象称为类的继承(Inheritance)。通过继承,在定义一个新类时,先把已有类的功能包含进来,然后再给出新功能的定义或对已有类的某些功能重新定义,实现类的重用。这种从已有类产生新类的过程也称为类的派生(Derivation),即派生是继承的另一种说法,只是表述问题的角度不同而已。

在继承关系中,被继承的类称为父类或超类,也可以称为基类,继承的类称为子类。在 Python 中,类继承的定义形式如下:

```
class 子类名(父类1[,父类2…]):
    类体
```

在定义一个类的时候,可以在类名后面紧跟"()",在"()"中指定所继承的父类,如果有多个父类,父类名之间用","隔开。

【例 10-5】 类的继承。创建父类 A,包含两个数据成员(属性)s1 和 n1,由父类 A 派生出子类 B,包含两个数据成员 s2 和 n2,再由子类 B 派生出孙类 C,包含两个数据成员 s3 和 n3。

程序代码如下:

```
class A:                              #父类
    def __init__(self,s1,n1):         #构造函数
        self.s1=s1                    #定义两个属性
        self.n1=n1
    def disp(self):                   #定义基类方法
        print(self.s1,self.n1)
```

```
class B(A):                                    #子类(派生类)
    def __init__(self,s1,n1,s2,n2):
        A.__init__(self,s1,n1)                 #调用父类构造函数
        self.s2=s2                             #子类新增两个属性
        self.n2=n2
    def disp(self):                            #定义子类(派生类)方法
        A.disp(self)                           #调用父类(基类)方法
        print(self.s2,self.n2)
class C(B):                                    #孙类(由子类派生)
    def __init__(self,s1,n1,s2,n2,s3,n3):
        B.__init__(self,s1,n1,s2,n2)           #调用子类构造函数
        self.s3=s3                             #孙类新增两个属性
        self.n3=n3
    def disp(self):
        B.disp(self)                           #调用子类方法
        print(self.s3,self.n3)
p1=A('A:abc',10)                               #分别创建父类、子类和孙类三个对象
p1.disp()
p2=B('B:abc',10,'def',20)
p2.disp()
p3=C('C:abc',10,'def',20,'ghi',30)
p3.disp()
```

程序运行结果如下：

```
A:abc 10
B:abc 10
def 20
C:abc 10
def 20
ghi 30
```

在以上程序中，分别定义了父类、子类和孙类，可以得出以下结论。

（1）在 Python 中，如果父类、子类和孙类都重新定义了构造方法__init__()，在进行子类和孙类实例化时，子类和孙类的构造方法不会自动调用父类和子类的构造方法，必须在子类和孙类中显式调用。

（2）如果要在子类中调用父类的方法，则需要以"父类名.方法"这种方式调用，并且要传递 self 参数，孙类调用子类的方法也是如此。

对于继承关系，子类继承了父类所有公有的属性和方法，可以在子类中通过父类名来调用（孙类则继承子类）；而对于私有的属性和方法，子类和孙类是不进行继承的，因此在子类或孙类中无法通过父类名或子类名来访问。

【例10-6】 多重继承。一个子类 C 有两个父类 A 和 B，子类从两个或多个父类中继承所需的属性。

程序代码如下：

```
class A:
    def dispA(self):
        print('ABC')
class B:
    def dispB(self):
        print('DEF')
class C(A,B):
    def dispC(self):
        print('GHI')
p=C()
p.dispA()
p.dispB()
p.dispC()
```

程序运行结果如下:

```
ABC
DEF
GHI
```

10.4.2 多态

多态即多种形态,是指不同的对象收到同一种消息时会产生不同的行为。在程序中,消息就是调用函数,不同的行为就是指不同的实现方法,即执行不同的函数。

【例 10-7】 多态实例。

```
class Animal:
    def run(self,a):
        print('Animal',a)
class Cat(Animal):
    def run(self,a):
        print('Cat',a+100)
class Dog(Animal):
    def run(self,a):
        print('Dog',a+200)
def run_twice(animal,a):
    animal.run(a)
d=Dog()
s=Cat()
a=Animal()
run_twice(d,20)
run_twice(s,20)
run_twice(a,20)
```

程序运行结果如下:

```
Dog 220
Cat 120
Animal 20
```

在以上程序中,由 Animal 类派生出 Cat 类和 Dog 类,函数 run_twice()可以接收 Animal、Cat 和 Dog 的实例,具体执行哪个 run()方法是由该对象的确切类型决定,这就是多态的具体应用。

习题 10

扫码答题

一、简答题
1. 什么是类?什么是对象?它们有什么关系?
2. 什么是消息?
3. 封装有哪些作用?
4. 继承与派生有哪些关系?
5. 简述类属性和实例属性的异同点。

二、选择题
1. 下列选项中,不属于面向对象程序设计特征的是(   )。
   A. 继承   B. 封装   C. 多态   D. 可维护性
2. 在方法的定义中,访问实例属性 name 的格式是(   )。
   A. name   B. a.name   C. a(name)   D. a[name]
3. 一个新类从已有的类那里获得其已有特性,这种现象称为类的(   )。
   A. 继承   B. 封装   C. 多态   D. 引用
4. 类对象所拥有的属性是(   )。
   A. 类方法   B. 类属性   C. 子类   D. 实例属性
5. 在 Python 中,通过(   )来定义类。
   A. class   B. def   C. try   D. fun
6. 类的实例化是产生一个类对象的实例,称为(   )。
   A. 对象   B. 实例对象   C. 函数   D. 属性
7. 在类中定义方法采用(   )关键字。
   A. init   B. class   C. try   D. def
8. 描述对象静态特性的数据元素是(   )。
   A. 方法   B. 类型   C. 属性   D. 消息
9. 以下程序中,应补充的代码是(   )。

```
class Stu:
    name='ABC'
    mark=66
s=Stu()
print(___)
```

A. name,mark   B. Stu.name,Stu.mark
C. Stu：name,mark   D. s.name,s.mark

10. 下列选项中,可以创建对象的是(　　)。

　　A. 构造函数　　　B. 类　　　　　C. 方法　　　　　D. 数据字段

三、填空题

1. ＿＿init＿＿是类的_____。

2. 创建对象后,可以使用_____运算符来调用其成员。

3. 从现有的类定义新的类,称为类的_____。

4. 下列程序的运行结果是_____。

```
class A:
    def __init__(self,i):
        self.i=i
        i=66
s=A(20)
print(s.i)
```

5. 下列程序的运行结果是_____。

```
class P:
    s=[2,3]
    def ret(self):
        return self.s * 2
p=P()
print(p.ret())
```

四、编程题

创建学生类,分为本科生、硕士生和博士生,属性包括姓名、性别、出生日期、毕业学校等,有继承关系。

第 11 章　第 三 方 库

如果说强大的标准库奠定了 Python 发展的基石,那么丰富的第三方库则是 Python 不断发展的保证。随着 Python 的发展,一些稳定的第三库被陆续加入到标准库里面。

Python 的标准库与第三方库的不同之处在于,Python 的标准库是 Python 安装的时候默认自带的库,而第三方库需要下载后安装到 Python 的安装目录下才能使用。不同的第三方库的安装及使用方法也不同,但它们的调用方式相同,都需要用 import 语句调用。

本章主要介绍常用的 pygame、NumPy、PIL 和 Matplotlib 和 requests 库。

11.1　pygame

pygame 是建立在 SDL(Simple Directmedia Layer)基础上的游戏库,作表为 Pete Shinners。它可以作为 Python 的第三方库来编写游戏或其他多媒体应用程序,这些程序可以在任何支持 SDL 的平台(Windows、UNIX、macOS 等)上运行。

11.1.1　功能介绍

常用的 pygame 模块如表 11-1 所示。

表 11-1　常用的 pygame 模块

模 块 名 称	功　　能
pygame.cdrom	访问光驱
pygame.cursors	加载光标
pygame.display	访问显示设备
pygame.draw	绘制形状、线和点
pygame.event	管理事件

续表

模 块 名 称	功 能
pygame.font	使用字体
pygame.image	加载和存储图片
pygame.joystick	使用游戏手柄或者类似的东西
pygame.key	读取键盘按键
pygame.mixer	声音
pygame.mouse	鼠标
pygame.movie	播放视频
pygame.music	播放音频
pygame.overlay	访问高级视频叠加
pygame	编写游戏或其他多媒体应用程序
pygame.rect	管理矩形区域
pygame.sndarray	操作声音数据
pygame.sprite	操作移动图像
pygame.surface	管理图像和屏幕
pygame.surfarray	管理点阵图像数据
pygame.time	管理时间和帧信息
pygame.transform	缩放和移动图像

可以通过以下命令查看模块是否存在：

```
>>>if pygame.font:print('the font module is available!")
...
the font module is available!
>>>
```

11.1.2 导入、初始化、更新显示和退出

pygame 包由多个模块组成，有些模块是用 C 语言编写的，有些是用 Python 语言编写的。使用哪些模块是可选的，并非每次使用都导入所有模块。

1. 导入

导入代码如下：

```
import pygame
from pygame.locals import *
```

第一行是唯一必要的一行，将所有可用的 pygame 模块导入 pygame 包中；第二行是

可选的,将一组有限的常量和函数放入脚本的全局命名空间中。

pygame 模块是可选的。例如,若字体模块可用,将它导入,代码为 pygame.font;若字体模块不可用,则 pygame.font 将设置为 None。

2. 初始化

初始化代码如下:

```
pygame.init()
```

运行以上代码自动初始化所有 pygame 模块。也可以手动初始化 pygame 模块,例如,仅初始化要调用的字体模块,代码如下:

```
pygame.font.init()
```

3. 更新显示

更新显示代码如下:

```
pygame.display.update()
```

运行以上代码更新窗体。

4. 退出

```
pygame.quit()
```

以上代码为卸载初始化的模块,无须显式调用,因 Python 完成时将卸载所有初始化模块。

【例 11-1】 显示图形界面的 hello world 窗口。

程序代码如下:

```
import pygame
from pygame.locals import *
from sys import exit

background_image='d:\py\pic\pic4.jpg'
mouse_image='d:\py\pic\mouse.jpg'

#初始化pygame,为使用硬件做准备
pygame.init()
#创建一个窗口
screen=pygame.display.set_mode((640, 480), 0, 32)
#设置窗口标题
pygame.display.set_caption("hello world")

#加载并转换图像
background=pygame.image.load(background_image).convert()
mouse_cursor=pygame.image.load(mouse_image).convert_alpha()
```

```
while True:
    for event in pygame.event.get():
        if event.type==QUIT:                #接收到退出事件后退出程序
            exit()
    screen.blit(background, (0, 0))         #画上背景图

    x, y=pygame.mouse.get_pos()             #获得光标位置
    #计算光标左上角位置
    x-=mouse_cursor.get_width()/2
    y-=mouse_cursor.get_height()/2
    #画上光标
    screen.blit(mouse_cursor, (x, y))

    #刷新画面
    pygame.display.update()
```

程序运行结果如图 11-1 所示。

图 11-1　例 11-1 程序的运行结果

例 11-1 的代码中已含有注释对代码进行了解释，下面对一些重要内容进行补充说明。

（1）pygame.display.set_mode：初始化窗口或屏幕以进行显示，返回一个 Surface 对象，代表了桌面上出现的窗口。第一个参数代表分辨率；第二个参数是标志位，如果不需要使用任何特性，则指定为 0；第三个为色深。

（2）pygame.display.set_caption：设置窗口标题。

（3）convert：将图像转化为 Surface 对象，每次加载完图像后就要使用这个函数。

（4）convert_alpha：与 convert 相比，该代码保留了 Alpha 通道信息（可以简单理解为透明的部分），这样光标才可以是不规则的形状。

（5）blit：第一个参数为一个 Surface 对象，第二个为左上角位置。画完以后需要使用 update 更新，否则画面呈现为漆黑。

（6）pygame.display.update：更新屏幕的部分以显示窗口。

11.1.3 事件

游戏其实也是一个动画，与单纯的动画不一样的是，游戏会一直运行下去，而且游戏中加入了玩家对画面的反馈，直到关闭窗口而产生了一个 QUIT 事件。反馈也就是事件，是通过输入设备完成的，如鼠标、键盘、手柄等。每个设备有相应的反馈信息，如鼠标移动、按键按下、松开等。这些在 pygame 里都是基础事件，可以直接使用。

1. 常用事件

例 11-1 中，使用了 pygame.event.get()来处理所有的事件，也可以使用 pygame.event.wait()，pygame 会等到发生一个事件才继续下去。另外一个方法是调用 pygame.event.poll()，一旦调用，它会根据当前的情形返回一个真实的事件，或者什么都不做。pygame 常用的事件集如表 11-2 所示。

表 11-2 pygame 常用事件集

事　　件	产 生 途 径	参　　数
QUIT	用户按关闭按钮	none
ATIVEEVENT	pygame 被激活或者隐藏	gain、state
KEYDOWN	键盘被按下	unicode、key、mod
KEYUP	键盘被放开	key、mod
MOUSEMOTION	鼠标移动	pos、rel、buttons
MOUSEBUTTONDOWN	鼠标按下	pos、button
MOUSEBUTTONUP	鼠标放开	pos、button
USEREVENT	触发了一个用户事件	code

2. 鼠标事件

（1）pygame.event.MOUSEMOTION 鼠标移动事件如下。
- event.pos：鼠标指针当前坐标值(x,y)，相对于窗口左上角。
- event.rel：鼠标指针相对运动距离(x,y)，相对于上次事件。
- event.buttons：鼠标按钮状态(a,b,c)，对应于鼠标的三个键。

（2）pygame.event.MOUSEBUTTONUP 鼠标键释放事件如下。
- event.pos：鼠标指针当前坐标值(x,y)，相对于窗口左上角。
- event.button：鼠标按下键的编号 n 取值 0、1、2，分别对应 3 个键。

（3）pygame.event.MOUSEBUTTONDOWN 鼠标键按下事件如下。
- event.pos：鼠标指针当前坐标值(x,y)，相对于窗口左上角。
- event.button：鼠标按下键的编号 n 取值为整数，左键为 1，右键为 3，设备相关。

【例 11-2】 如图 11-2 所示，圆圈是鼠标所在位置，鼠标初始状态、移动和按下时，圆圈颜色均发生变化。

(a) 初始状态　　　　　　　(b) 鼠标移动时　　　　　　　(c) 鼠标按下时

图 11-2　鼠标状态变化时，圆圈颜色随之变化

程序代码如下：

```
import pygame
from random import randint

def rand_color():                              #产生随机颜色
    return randint(0, 255), randint(0, 255), randint(0, 255)
def draw_ball(screen, pos):
    pygame.draw.circle(screen, rand_color(), pos, randint(10, 20))
    pygame.display.update()
def is_in_rect(point, rect):                   #判断指定的点是否在指定的矩形范围中
    x, y=point
    rx, ry, rw, rh=rect
    if (rx<=x<=rx+rw) and (ry<=y<=ry+rh):
        return True
    return False
def draw_button(screen, bth_color, title_color):        #画一个按钮
    pygame.draw.rect(screen, bth_color, (100, 100, 100, 60))
    font=pygame.font.SysFont('Times', 30)
    title=font.render('click', True, title_color)
    screen.blit(title, (120, 120))
if __name__=='__main__':                                #按钮坐标
    pygame.init()
    screen=pygame.display.set_mode((600, 400))
    screen.fill((255,255,255))
    pygame.display.set_caption('鼠标事件')
    draw_button(screen, (0, 255, 0), (255, 0, 0))
    pygame.display.flip()
    while True:
        for event in pygame.event.get():
            if event.type==pygame.QUIT:
                exit()
            if event.type==pygame.MOUSEBUTTONDOWN:
                if is_in_rect(event.pos, (100, 100, 100, 60)):
```

```
                draw_button(screen, (0, 100, 0), (100, 0, 0))
                pygame.display.update()

        if event.type==pygame.MOUSEBUTTONUP:
            if is_in_rect(event.pos, (100, 100, 100, 60)):
                draw_button(screen, (0, 255, 0),(255, 0, 0))
                pygame.display.update()

        if event.type==pygame.MOUSEMOTION:
            screen.fill((255, 255, 255))
            draw_button(screen, (0, 255, 0), (255, 0, 0))
            draw_ball(screen, event.pos)
```

3. 键盘事件

(1) pygame.event.KEYDOWN：键盘按下事件。

(2) pygame.event.KEYUP：键盘释放事件。

(3) event.unicode：按键的 Unicode 码，与平台有关，不推荐使用。

(4) event.key：按键的常量名称。

(5) event.mod：按键修饰符的组合值。

【例 11-3】 使用方向键移动图片。

程序代码如下：

```
import pygame
from pygame.locals import *
from sys import exit

background_image='d:\py\pic\pic4.jpg'      #按上、下、左、右键时,移动图片
screen=pygame.display.set_mode((640,480),0,32)
background=pygame.image.load(background_image).convert()

x,y=0,0
move_x,move_y=0,0
while True:
    for event in pygame.event.get():
        if event.type==QUIT:
            exit()
        if event.type==KEYDOWN:
            if event.key==pygame.K_LEFT:
                move_x=-1
            elif event.key==pygame.K_RIGHT:
                move_x=1
            elif event.key==pygame.K_UP:
                move_y=-1
            elif event.key==pygame.K_DOWN:
```

```
                move_y=1
        elif event.type==KEYUP:
            move_x=0
            move_y=0
    x+=move_x
    y+=move_y
    screen.fill((0,0,0))
    screen.blit(background,(x,y))
    pygame.display.update()
```

程序运行结果如图 11-3 所示。

图 11-3　例 11-3 运行结果

4. 重要的事件处理函数

1）处理事件
- pygame.event.get(type/typelist)：从事件队列中获得事件列表，即获得所有进入队列的事件。
- pygame.event.poll()：从事件队列中获得一个事件，事件获取将从事件队列中删除。
- pygame.event.clear(type/typelist)：从事件队列中删除事件，默认删除所有事件，如果事件队列为空，则返回 event.NOEVENT。

2）操作事件队列

pygame 仅能同时存储 128 个事件，当队列满时，更多事件将被丢弃。

- pygame.event.set_blocked(type or typelist)：设置事件队列能够缓存事件的类型。
- pygame.event.get_blocked(type) 控制哪些类型事件不允许被保存到事件队列中，测试某个事件类型是否被事件队列所禁止，如果事件类型被禁止，则返回True，否则返回 False。
- pygame.event.set_allowed(type or typelist)：控制哪些类型事件允许被保存到事件队列中。

3）产生事件
- pygame.event.post(Event)：产生一个事件，并将其放入事件队列，一般用于放置用户自定义事件（pygame.USEREVENT），也可以用于放置系统定义事件（如鼠标或键盘等），给定参数。
- pygame.event.Event(type,dict)：创建一个给定类型的事件。其中，事件的属性和值采用字典类型复制，属性名采用字符串形式，如果创建已有事件，属性需要一致。

下面是一个自定义事件，代码如下：

```
import pygame
from pygame.locals import *

pygame.init()
my_event=pygame.event.Event(KEYDOWN,key=K_SPACE,mod=0,Unicode='')
#my_event=pygame.event.Event(KEYDOWN,{"key":K_SPACE,"mod":0,"unicode":''})
pygame.event.post(my_event)


###############
#产生一个自定义的全新事件
CATONKEYBOARD=USEREVENT+1
my_event=pygame.event.Event(CATONKEYBOARD,message="This is a custom \
    event!")
pygame.event.post(my_event)
#获得这个事件
for event in pygame.event.get():
    if event.type==CATONKEYBOARD:
        print(event.message)
```

程序运执行结果如下：

```
pygame 1.9.4
Hello from the pygame community.https://www.pygame.org/contribute.html
This is a custom event!
>>>
```

11.1.4 字样

1. 字体

pygame 可以直接调用系统字体,也可以使用 TTF 字体。

(1) SysFont(name,size,bold=False,italic=False):第一个参数是字体名,第二个参数是大小。该函数返回一个系统字体,这个字体与"bold"和"italic"两个 flag 相匹配。如果找不到,就会使用 pygame 的默认字体。可以使用 * * pygame.font.get_fonts()**来获得当前系统所有可用字体。

(2) Font(filename,size) 或者 Font(object,size),例如:

```
Font("simsun.ttf", 16)
```

使用这个方法,需要把字体文件随同游戏一起发送,这样可以避免使用者机器上没有所需的字体。

【例 11-4】 调用系统字体显示文字。

程序代码如下:

```
import pygame
from pygame.locals import *

pygame.init()                                          #初始化 game 模块
fontColor=pygame.Color("red")                          #或者为 255,255,255
bgColor=pygame.Color("blue")                           #或者为 0,0,200

screen=pygame.display.set_mode((600,300))              #窗口大小
fontSize=pygame.font.SysFont('Microsoft YaHei',30)
                                                       #SysFont 调用系统字体显示中文
textStyle=fontSize.render('Hello World!中国欢迎你!',True,fontColor)
                                                       #设置文本风格
screen.fill(bgColor)                                   #填充窗体颜色
screen.blit(textStyle,(100,100))                       #文本显示位置
pygame.display.update()                                #更新窗体
```

2. 颜色

一般的 32 位 RGB,每个像素可以显示百万种颜色。以下代码可以生成所有的颜色,种类太多,不再显示结果:

```
import pygame

pygame.init()
screen=pygame.display.set_mode((640,480))
all_colors=pygame.Surface((4096,4096),depth=24)
```

```
for r in range(256):
    print(r+1,"out of 256")
    x=(r & 15) *256
    y=(r>>4) * 256
    for g in range(256):
        for b in range(256):
            all_colors.set_at((x+g,y+b),(r,g,b))
pygame.image.save(all_colors, "allcolors.bmp")
```

11.1.5 图像

加载图片用 pygame.image.load，返回一个 surface 对象。事实上，屏幕也只是一个 surface 对象，pygame.display.set_mode 返回一个屏幕的 surface 对象。

指定尺寸创建一个空的全黑的 surface 对象，例如：

```
pygame.surface((256,256))
```

除了大小外，surface()函数还有 flags 和 depth 两个参数。

- flags 参数中，HWSURFACE 最好不设定，pygame 可以自己优化；SRCALPHA 有 Alpha 通道的 surface，如果需要透明，则选择该项。这个选项的使用需要设置第二个参数为 32。
- depth 参数和 pygame.display.set_mode 中的参数一样，可以不设，pygame 会自动设置与 display 一致。

例如：

```
alpha_surface=pygame.Surface((256,256), flags=SRCALPHA, depth=32)
```

【例 11-5】 动画显示变脸，如图 11-4 所示。

图 11-4 例 11-5 动画显示

程序代码如下：

```
import pygame,sys
screen=pygame.display.set_mode((600,800))
```

```
pygame.display.set_caption('动画测试')
image=pygame.image.load('d:\py\pic\emotion.jpg')
rect=image.get_rect()
rect2=pygame.Rect(0,0,rect.width//3,rect.height)
tick=pygame.time.Clock()

while True:
    for event in pygame.event.get():
        if event.type==pygame.QUIT:
            sys.exit()
    for n in range(4):
        tick.tick(4)
        rect2.x+=n * rect2.width
        if rect2.x>1000:
            rect2.x=0
        screen.fill((255,255,255))
        screen.blit(image,(0,0),rect2) #3个参数分别是图像、绘制的位置、绘制的截面框
        pygame.display.flip()
```

11.1.6 绘制各种图形

pygame 可以使用 pygame.draw 来绘制图形,其包含的函数如表 11-3 所示。

表 11-3　pygame.draw 包含的函数

函　　数	作　　用
rect	绘制矩形
polygon	绘制多边形(三条及三条以上边)
circle	绘制圆
elipse	绘制椭圆
arc	绘制圆弧
line	绘制线
lines	绘制一系列的线
aaline	绘制一条平滑的线
aalines	绘制一系列平滑的线

说明:

(1) width 参数为 0 或省略,则填充。

(2) 还可以使用方法 Surface.fill()画填充的矩形,事实上,这种方法速度更快。

(3) lines()函数的 closed 为一个布尔变量,如果 closed 为 True,则会画一条连接第一个点和最后一个点的线,使整个图形闭合。

【例 11-6】 选择两点,在两点间画如图 11-5 所示的直线。

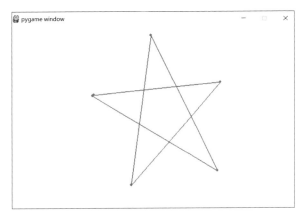

图 11-5 例 11-6 程序的运行结果

程序代码如下:

```
import pygame
from pygame.locals import *
from sys import exit
from random import *
from math import pi

if __name__=="__main__":
    pygame.init()
    screen=pygame.display.set_mode((640, 480), 0, 32)
    points=[]

    while True:
        for event in pygame.event.get():
            if event.type==QUIT:
                exit()
            #按 C 键清屏并把点回复到原始状态
            if event.type==KEYDOWN and event.key==K_c:
                points=[]
                screen.fill((255, 255, 255))

            if event.type==MOUSEBUTTONDOWN:
                screen.fill((255, 255, 255))
                #获得当前鼠标单击位置
                x, y=pygame.mouse.get_pos()
                points.append((x, y))

                #画点击轨迹图
                if len(points)>1:
```

```
            pygame.draw.lines(screen, (155, 155, 0), False, points, 2)
    #把每个点画明显一点
    for p in points:
        #在单击的位置画一个小圆,p是坐标,3是半径
        pygame.draw.circle(screen, (155, 155, 155), p, 3)
    #画一条平滑的线
    aalc=(0,255,0)
pygame.display.update()
```

11.2 NumPy

Python 标准库中提供了一个 array 类型,用于保存数组类型数据,然而这个类型不支持多维数据,处理函数也不够丰富,不适合做数值运算。NumPy 是 Python 的第三方库,是一个开源的 Python 科学计算库,主要用于数学、科学计算,提供了许多高级的数值编程工具。NumPy 是由多维数组对象和用于处理数组的例程集合组成的库,包含很多实用的数学函数,涵盖线性代数运算、傅里叶变换和随机数生成等功能。

NumPy 已成为 Python 科学计算生态系统的重要组成部分,其在保留 Python 语言优势的同时大大增强了科学计算和数据处理的能力。更重要的是,NumPy 与 SciPy、Matplotlib 等其他众多 Python 科学计算库很好地结合在一起,共同构建了一个完整的科学计算生态系统。总之,NumPy 是使用 Python 进行数据分析的一个必备工具。

11.2.1 多维数组 ndarray

NumPy 库处理的最基础数据类型是由同种元素构成的多维数组 ndarray,简称数组。数组中所有元素的类型必须相同,数组中元素可以用整数索引,序号从 0 开始。ndarray 类型的维度(dimensions)叫作轴,轴的个数叫作秩(rank)。一维数组的秩为 1,二维数组的秩为 2,二维数组相当于由两个一维数组构成。ndarray 数组的常用属性如下。

(1)ndarray.shape:返回一个包含数组维度的元组,也可以用于调整数组大小。例如:

```
import numpy as np
a=np.array([[1,2,3],[4,5,6]])
print(a.shape)
```

输出结果如下:

```
(2, 3)
```

(2)ndarray.reshape:用来调整数组大小。例如:

```
import numpy as np
a=np.array([[1,2,3],[4,5,6]])
```

```
b=a.reshape(3,2)
print(b)
```

输出结果如下:

```
[[1, 2]
 [3, 4]
 [5, 6]]
```

(3) ndarray.ndim:返回数组的维数。例如:

```
import numpy as np
a=np.arange(24) a.ndim
b=a.reshape(2,4,3)              #现在调整其大小
print(b)                        #b现在拥有三个维度
```

输出结果如下:

```
[[[ 0,  1,  2]
  [ 3,  4,  5]
  [ 6,  7,  8]
  [ 9, 10, 11]]
 [[12, 13, 14]
  [15, 16, 17]
  [18, 19, 20]
  [21, 22, 23]]]
```

(4) numpy.itemsize:返回数组中每个元素的字节单位长度。例如:

```
import numpy as np
x=np.array([1,2,3,4,5], dtype=np.float32)
print(x.itemsize)
```

输出结果如下:

```
4
```

11.2.2 创建数组

ndarray 对象可以通过任何数组创建方法或使用 ndarray 构造函数构造。使用 NumPy 创建数组有以下 3 种方法。

- numpy.empty:用于创建指定形状和 dtype 的未初始化数组。
- numpy.zeros:返回特定大小,以 0 填充的新数组。
- numpy.ones:返回特定大小,以 1 填充的新数组。

这 3 种方法有相同的参数列表。

Shape：空数组的形状，整数或整数元组。

Dtype：所需的输出数组类型，可选。

Order：'C'为按行的 C 风格数组，'F'为按列的 Fortran 风格数组。

例如：

```
import numpy as np
x=np.empty([3,2],dtype=int)
print(x)
```

输出结果如下：

```
[[22649312    1701344351]
 [1818321759  1885959276]
 [16779776    156368896]]
```

注意：数组元素为随机值，因为它们未初始化。

例如：

```
import numpy as np
x=np.zeros((5,),dtype=np.int)
print(x)
```

输出结果如下：

```
[0 0 0 0 0]
```

例如：

```
import numpy as np
x=np.ones(5)
print(x)
```

输出结果如下：

```
[1. 1. 1. 1. 1.]
```

1. 根据已有的数据创建数组

（1）numpy.asarray：类似于 numpy.array。例如：

```
numpy.asarray(a,dtype=None, order=None)
```

参数说明如下。

- a：任意形式的输入参数，如列表、列表的元组、元组、元组的元组、元组的列表。
- dtype：数组类型，可选。
- order：'C'为按行的 C 风格数组，'F'为按列的 Fortran 风格数组。

（2）numpy.fromiter：利用任何可迭代对象构建一个 ndarray 对象,返回一个新的一维数组。例如：

```
numpy.fromiter(iterable, dtype, count=-1)
```

参数说明如下。
- iterable：任何可迭代对象。
- dtype：返回数组的数据类型。
- count：需要读取的数据数量,默认为−1,读取所有数据。

例如：

```
import numpy as np
x=[1,2,3]
a=np.asarray(x)
print(a)
```

输出结果如下：

```
[1 2 3]
```

2. 根据一定的步进创建数值数组

在某些特定的情况下,可能需要创建某些数值数组,这时可以使用 numpy.arange() 方法。例如：

```
numpy.arange(start, stop, step, dtype)
```

参数说明如下。
- start：范围的起始值,默认为 0。
- stop：范围的终止值(不包含)。
- step：两个值的间隔,默认为 1。
- dtype：返回 ndarray 的数据类型,如果没有提供,则会使用输入数据的类型。

例如：

```
import numpy as np
x=np.arange(5)
print(x)
```

输出结果如下：

```
[0 1 2 3 4]
```

3. 根据已有范围创建等间距的数组

这个方法常用于类似绘制直方图的时候,进行组数的分组,然后每隔一个组间距来绘制,类似这种情况用 numpy.linspace 来生成数组最佳。例如：

```
numpy.linspace(start, stop, num, endpoint, retstep, dtype)
```

参数说明如下。
- start：范围的起始值。
- stop：序列的终止值,如果 endpoint 为 True,该值包含于序列中。
- num：要生成的等间隔样例数量,默认为 50。
- endpoint：序列中是否包含 stop 值,默认为 Ture。
- retstep：如果为 True,返回样例和连续数字之间的步长。
- dtype：输出 ndarray 的数据类型。

例如：

```
import numpy as np
x=np.linspace(10,20,5)
print(x)
```

输出结果如下：

```
[10.  12.5  15.  17.5  20.]
```

11.2.3 NumPy 常用数组操作

NumPy 包中有几个例程用于处理 ndarray 对象中的元素,它们可以分为以下类型。

1. 修改形状
- numpy.reshape：不改变数据的条件下修改形状。
- numpy.flat：将多维数组转化为一维数组后返回对应下标的元素。
- numpy.ndarray.flatten：返回折叠为一维数组的副本。
- numpy.ravel：返回连续展开的一维数组,并且按需生成副本。返回的数组和输入数组拥有相同的数据类型。
- numpy.transpose：翻转给定数组的维度。如果可能的话它会返回一个视图。
- numpy.rollaxis：向后滚动特定的轴,直到一个特定位置。
- numpy.swapaxes：交换数组的两个轴。对于之前的 NumPy 版本,会返回交换后数组的视图。

2. 修改维度
- broadcast：此功能模仿广播机制。它返回一个对象,该对象封装了将一个数组广播到另一个数组的结果。
- numpy.broadcast_to：将数组广播到新形状。它在原始数组上返回只读视图,通常不连续。如果新形状不符合 NumPy 的广播规则,该函数可能会抛出 ValueError。
- numpy.expand_dims：函数通过在指定位置插入新的轴来扩展数组形状。该函数需要两个参数。
- numpy.squeeze：从给定数组的形状中删除一维条目。该函数需要两个参数。

3. 数组连接
- numpy.concatenate：沿指定轴连接形状相同的两个或多个数组。
- numpy.stack：沿新轴连接数组序列。
- numpy.hstack：numpy.stack 函数的变体，通过堆叠来生成水平的单个数组。
- numpy.vstack：numpy.stack 函数的变体，通过堆叠来生成竖直的单个数组。

4. 数组分割
- numpy.split：将一个数组分割为多个子数组。
- numpy.hsplit：将一个数组水平分割为多个子数组（按列）。
- numpy.vsplit：将一个数组竖直分割为多个子数组（按行）。

5. 添加/删除元素
- numpy.resize：返回指定大小的新数组。如果新数组的大小大于原始数组的大小，则包含原始数组中的元素的重复副本。
- numpy.append：在输入数组的末尾添加值。附加操作不是原地的，而是分配新的数组。此外，输入数组的维度必须匹配，否则将生成 ValueError。
- numpy.insert：在给定索引之前，沿给定轴在输入数组中插入值。如果值的类型转换为要插入，则它与输入数组不同。插入没有原地的，函数会返回一个新数组。此外，如果未提供轴，则输入数组会被展开。
- numpy.delete：返回从输入数组中删除指定子数组的新数组。与 insert()函数的情况一样，如果未提供轴参数，则输入数组将展开。
- numpy.unique：返回输入数组中的去重元素数组。该函数能够返回一个元组，包含去重数组和相关索引的数组。索引的性质取决于函数调用中返回参数的类型。

11.2.4 NumPy 常用函数

1. 位运算

NumPy 的位运算主要包括常见的与、或、非等二进制运算。
- np.bitwise_and()：对输入数组中的整数的二进制表示的相应位执行位与运算。
- np.bitwise_or()：对输入数组中的整数的二进制表示的相应位执行位或运算。
- invert：计算输入数组中整数的二进制按位非的结果。对于有符号整数，返回补码。
- numpy.left_shift()：将数组元素的二进制表示中的位向左移动到指定位置，右侧附加相等数量的 0。
- numpy.right_shift()：将数组元素的二进制表示中的位向右移动到指定位置，左侧附加相等数量的 0。

2. 字符串函数
- numpy.char.add()：返回两个 str 或 Unicode 数组的字符串连接。
- numpy.char.multiply()：返回给定参数多重连接后的字符串。
- numpy.char.center()：返回所需宽度的数组，其中元素位于特定字符串的中央，并使用 fillchar 在左侧和右侧进行填充。

- numpy.char.capitalize()：返回字符串的副本，其中第一个字母大写。
- numpy.char.title()：返回输入字符串或 Unicode 的按元素标题转换版本，其中每个单词的首字母都大写。
- numpy.char.lower()：返回一个数组，其元素转换为小写。它对每个元素调用 str.lower。
- numpy.char.upper()：返回一个数组，其元素转换为大写。它对每个元素调用 str.upper。
- numpy.char.split()：返回输入字符串中的单词列表，并使用分隔符来分割。默认情况下，空格用作分隔符，否则，指定的分隔符字符用于分割字符串。
- numpy.char.splitlines()：返回数组中元素的单词列表，以换行符分割。
- numpy.char.strip()：返回数组的副本，其中元素移除了开头或结尾处的特定字符。
- numpy.char.join()：返回一个字符串，是序列中字符串的连接。
- numpy.char.replace()：返回字符串副本，其中所有子字符串的出现位置都被另一个新字符串代替。
- numpy.char.decode()：在给定的字符串中，按照参数使用特定编码调用 str.decode()。
- numpy.char.encode()：对数组中的每个元素，按照参数调用 str.encode() 函数。默认编码是 UTF-8，可以使用标准 Python 库中的编解码器。

3. 三角函数

NumPy 拥有标准的三角函数，它为弧度制单位的给定角度返回三角函数比值。arcsin()、arccos() 和 arctan() 函数返回给定角度的 sin()、cos() 和 tan() 的反三角函数。这些函数可以通过 numpy.degrees() 函数将弧度制转换为角度制。

- numpy.around()：返回四舍五入到所需精度的值。
- numpy.floor()：返回不大于输入参数的最大整数。即标量 x 的下限是最大的整数 i，使 i<=x。注意，在 Python 中，向下取整总是从 0 舍入。
- numpy.ceil()：返回输入值的上限，即标量 x 的上限是最小的整数 i，使 i>=x。

4. 算术运算

算术运算包括 add()、subtract()、multiply()、divide() 等方法，其中输入数组必须具有相同的形状或符合数组广播规则。

- numpy.reciprocal()：返回参数逐元素的倒数。由于 Python 处理整数除法的方式，对于绝对值大于 1 的整数元素，结果始终为 0，对于整数 0，则发出溢出警告。
- numpy.power()：将第一个输入数组中的元素作为底数，计算它与第二个输入数组中相应元素的幂。
- numpy.mod()：返回输入数组中相应元素的除法余数。

表 11-4 所示为 NumPy 复数函数。

表 11-4　NumPy 复数函数

方　　法	描　　述
numpy.real()	返回复数类型参数的实部
numpy.imag()	返回复数类型参数的虚部
numpy.conj()	返回通过改变虚部的符号而获得的共轭复数
numpy.angle()	返回复数参数的角度。函数的参数是 degree。如果为 True,返回的角度以角度制来表示,否则为以弧度制来表示

5. 统计函数

- numpy.amin():给定数组中的元素沿指定轴返回最小值。
- numpy.amax():给定数组中的元素沿指定轴返回最大值。
- numpy.ptp():返回沿轴的值的范围(最大值－最小值)。
- numpy.percentile():百分位数是统计中使用的度量,表示小于这个值的观察值百分比。
- numpy.median():定义为将数据样本的上半部分与下半部分分开的值。
- numpy.mean():返回数组中元素的算术平均值。
- numpy.average():根据在另一个数组中给出的各自的权重计算数组中元素的加权平均值。

6. 排序、搜索和计数函数

NumPy 常用排序算法如表 11-5 所示。

表 11-5　NumPy 常用排序算法

分　　类	速度	最坏情况	工作空间	稳　定　性
quicksort(快速排序)	1	1	$O(n^2)$	0
mergesort(归并排序)	2	1	$O(n\log(n))$	$\sim n/2$
heapsort(堆排序)	3	1	$O(n\log(n))$	0

- numpy.argsort():对输入数组沿给定轴执行间接排序,并使用指定排序类型返回数据的索引数组。这个索引数组用于构造排序后的数组。
- numpy.lexsort():函数使用键序列执行间接排序。键可以看作是电子表格中的一列。该函数返回一个索引数组,使用它可以获得排序数据。
- lexsort():两者之间进行比较,确定某个主要参考物后,得到排序的结果。简单来说,想要购买一件衣服,主要参考衣服的颜色和价格,假如觉得价格比较重要,那么会优先根据价格进行排序,排序完成之后再根据颜色进行排序,最后得到性价比比较满意的结果。
- numpy.argmax()和 numpy.argmin():分别沿给定轴返回最大和最小元素的索引。
- numpy.nonzero():返回输入数组中非零元素的索引。
- numpy.where():返回输入数组中满足给定条件的元素的索引。

- numpy.extract()：返回满足任何条件的元素。

11.3 PIL

11.3.1 基本概念

PIL 是 Python 平台事实上的图像处理标准库，功能非常强，其 API 却非常简单易用。但是，由于 PIL 仅支持到 Python 2.7 版本，于是一些志愿者在 PIL 的基础上创建了兼容的版本，名为 Pillow，其中加入了许多新特性，支持最新 Python 3.x，因此可以直接安装使用 Pillow。

PIL 中涉及的基本概念有通道、模式、尺寸、坐标系统、调色板、信息和滤波器。

1. 通道

每张图片都是由一个或者多个数据通道构成。PIL 允许在单张图片中合成相同维数和深度的多个通道。以 RGB 图像为例，每张图片都是由 3 个数据通道构成，分别为 R、G 和 B 通道。而对于灰度图像，则只有一个通道。对于一张图片的通道数量和名称，可以通过 getbands() 方法来获取。getbands() 方法是 Image 模块的方法，它会返回一个字符串元组。该元组将包括每一个通道的名称。

2. 模式

图像的模式定义了图像的类型和像素的位宽。当前支持以下模式。

- 1：1 位像素，表示黑和白，但是存储的时候每个像素存储为 8 位。
- L：8 位像素，表示黑和白。
- P：8 位像素，使用调色板映射到其他模式。
- I：32 位整型像素。
- F：32 位浮点型像素。
- RGB：3×8 位像素，为真彩色。
- RGBA：4×8 位像素，有透明通道的真彩色。
- CMYK：4×8 位像素，颜色分离。
- YCbCr：3×8 位像素，彩色视频格式。

PIL 也支持一些特殊的模式，包括 RGBX（有 padding 的真彩色）和 RGBa（有自左乘 alpha 的真彩色）。可以通过 mode 属性读取图像的模式，其返回值是包括上述模式的字符串。

3. 尺寸

通过 size 属性可以获取图片的尺寸。这是一个二元组，包含水平和垂直方向上的像素数。

4. 坐标系统

PIL 使用笛卡儿像素坐标系统，坐标(0,0)位于左上角。注意：坐标值表示像素的角；位于坐标(0,0)处的像素的中心实际上位于(0.5,0.5)。坐标经常用于二元组(x,y)。长方形则表示为四元组，前面是左上角坐标。例如，一个覆盖 800×600 的像素图像的长方形表示为(0,0,800,600)。

5．调色板

调色板模式使用一个颜色调色板为每个像素定义具体的颜色值。

6．信息

使用 info 属性可以为一张图片添加一些辅助信息。加载和保存图像文件时,有多少信息需要处理取决于文件格式。

7．滤波器

对于将多个输入像素映射为一个输出像素的几何操作,PIL 提供了 4 个不同的采样滤波器。

- NEAREST：最近滤波。从输入图像中选取最近的像素作为输出像素。它忽略了所有其他的像素。
- BILINEAR：双线性滤波。在输入图像的 2×2 矩阵上进行线性插值。注意,PIL 的当前版本,做下采样时该滤波器使用了固定输入模板。
- BICUBIC：双立方滤波。在输入图像的 4×4 矩阵上进行立方插值。注意,PIL 的当前版本,做下采样时该滤波器使用了固定输入模板。
- ANTIALIAS：平滑滤波。这是 PIL 1.1.3 版本中新的滤波器。对所有可以影响输出像素的输入像素进行高质量的重采样滤波,以计算输出像素值。在当前的 PIL 版本中,这个滤波器只用于改变尺寸和缩略图方法。

注意：在当前的 PIL 版本中,ANTIALIAS 滤波器是下采样(例如,将一个大的图像转换为小图)时唯一正确的滤波器。BILIEAR 和 BICUBIC 滤波器使用固定的输入模板,用于固定比例的几何变换和上采样是最好的。Image 模块中的方法 resize()和 thumbnail()用到了滤波器。

resize()方法的定义如下：

```
resize(size, filter=None)=>image
```

若对参数 filter 不赋值,resize()方法默认使用 NEAREST 滤波器。如果要使用其他滤波器,可以通过 thumbnail()方法实现。

thumbnail()方法的定义如下：

```
im.thumbnail(size, filter=None)
```

需要说明的是,方法 thumbnail()需要保持宽高比,对于 size＝(200,200)的输入参数,其最终的缩略图尺寸为(182,200)。若对参数 filter 不赋值,thumbnail()方法默认使用 NEAREST 滤波器。

11.3.2　PIL 包含的模块

PIL 包含 Image、ImageChops、ImageCrackCode、ImageDraw、ImageEnhance、ImageFile、ImageFileIO、ImageFilter、ImageFont、ImageGrab、ImageOps、ImagePath、ImageSequence、ImageStat、ImageTk、ImageWin、PSDraw 等模块。其中,Image 模块是

PIL 中最重要的模块,对图像进行基础操作的功能基本上都包含于此模块内。Image 模块有一个名为 image 的类,与模块名称相同,用于表示 PIL 图像,有很多属性、函数和方法。下面依次对 image 类的属性、函数和方法进行介绍。

1. open 类

```
Image.open(file)⇒image
Image.open(file, mode)⇒image
```

要从文件中加载图像,则使用 open()函数:

```
from PIL import Image                    #调用库
im=Image.open("E:\mypic.jpg")            #文件存在的路径
im.show()
```

在 Windows 操作系统中,im.show 的方式为 Windows 自带的图像显示应用。打开并确认给定的图像文件。这是一个懒操作,该函数只会读文件头,而真实的图像数据直到试图处理该数据才会从文件读取(调用 load()方法将强行加载图像数据)。如果变量 mode 被设置,那么必须是"r"。用户可以使用一个字符串(表示文件名称的字符串)或者文件对象作为变量 file 的值。文件对象必须实现 read()、seek()和 tell()方法,并且以二进制模式打开。

2. save 类

```
im.save(outfile,options…)
im.save(outfile, format, options…)
```

若要保存文件,则使用 Image 类的 save()方法,此时保存文件的文件名就变得十分重要了,除非指定格式,否则这个库将会以文件名的扩展名作为格式保存。使用给定的文件名保存图像。如果变量 format 省略,尽量根据文件名称的扩展名判断文件的格式。该方法返回为空。关键字 options 为文件编写器提供一些额外的指令。如果编写器不能识别某个选项,则将忽略它。用户可以使用文件对象代替文件名称,在这种情况下,用户必须指定文件格式。文件对象必须实现了 seek()、tell()和 write()方法,以二进制模式打开。如果 save()方法因为某些原因失败,将产生一个异常(通常为 IOError 异常)。如果发生了异常,该方法也有可能已经创建了文件,并向文件写入了一些数据。如果需要,用户的应用程序可以删除这个不完整的文件。例如:

```
from PIL import Image
im=Image.open("E:\mypic.jpg")
print(im)
im.save("E:\mypic.png")                  #将"E:\mypic.jpg"保存为"E:\mypic.png"
im=Image.open("E:\mypic.png")            #打开新的 png 图片
print(im.format, im.size, im.mode)
```

3. format 类

```
im.format⇒string or None
```

这个属性标识了图像来源,如果图像不是从文件读取,它的值就是 None。例如:

```
from PIL import Image
im=Image.open("E:\mypic.jpg")
print(im.format)           #打印出格式信息
im.show()
```

4. convert 类

```
im.convert(mode)⇒image
```

将当前图像转换为其他模式并返回新的图像。当从一个调色板图像转换时,这个方法通过这个调色板来转换像素。如果不对变量 mode 赋值,该方法将会选择一种模式,在没有调色板的情况下,使图像和调色板中的所有信息都可以被表示出来。当从一个颜色图像转换为黑白图像时,PIL 库使用 ITU-R601-2 luma 转换公式:

$$L = R * 299/1000 + G * 587/1000 + B * 114/1000$$

当转换为 2 位图像(模式 1)时,源图像首先被转换为黑白图像。结果数据中大于 127 的值被设置为白色,其他值被设置为黑色,这样图像会出现抖动。如果要使用其他阈值,更改阈值 127,可以使用方法 point()。为了去掉图像抖动现象,可以使用 dither 选项。例如:

```
from PIL import Image
im=Image.open("E:\mypic.jpg")
new_im=im.convert('P')
print(new_im.mode)
new_im.show()
```

5. size 类

```
im.size⇒(width, height)
```

图像的尺寸,按照像素数计算,它的返回值为宽度和高度的二元组(width,height)。例如:

```
from PIL import Image
im=Image.open("E:\mypic.jpg")
print(im.size)             #打印出尺寸信息
im.show()
```

6. new 类

```
Image.new(mode,size)⇒image
Image.new(mode, size,color)⇒image
```

使用给定的变量 mode 和 size 生成新的图像。size 是给定的宽/高二元组,这是按照像素数来计算的。对于单通道图像,变量 color 只给定一个值;对于多通道图像,变量 color 给定一个元组(每个通道对应一个值)。在 1.1.4 及其之后的版本中,用户也可以用颜色的名称,例如将变量 color 赋值为"red"。如果没有对变量 color 赋值,图像内容将会被全部赋值为 0(为黑色)。如果变量 color 是空,图像将不会被初始化,即图像的内容全为 0。这对于向该图像复制或绘制某些内容是有用的。

例如,将图像设置为 128×128 像素的红色图像,代码如下:

```
from PIL import Image
im=Image.open("E:\mypic.jpg")
n_im=Image.new("RGB", (128, 128), "#FF0000")
n_im.show()
```

将图像设置为 128×128 像素的绿色图像,代码如下:

```
from PIL import Image
im=Image.open("E:\mypic.jpg")
n_im=Image.new("RGB", (128, 128),"green")
n_im.show()
```

7. filter 类

```
im.filter(filter)⇒image
```

返回一个使用给定滤波器处理过的图像的备份。具体参考图像滤波在 ImageFilter 模块的应用。在该模块中,预先定义了很多增强滤波器,可以通过 filter() 函数使用。预定义滤波器包括 BLUR、CONTOUR、DETAIL、EDGE_ENHANCE、EDGE_ENHANCE_MORE、EMBOSS、FIND_EDGES、SMOOTH、SMOOTH_MORE、SHARPEN。其中,BLUR 为均值滤波,CONTOUR 为找轮廓,FIND_EDGES 为边缘检测,使用该模块时,需要先导入。例如:

```
from PIL import Image
from PIL import ImageFilter                           #调取 ImageFilter
imgF=Image.open("E:\mypic.jpg")
bluF=imgF.filter(ImageFilter.BLUR)                    #均值滤波
conF=imgF.filter(ImageFilter.CONTOUR)                 #找轮廓
edgeF=imgF.filter(ImageFilter.FIND_EDGES)             #边缘检测
imgF.show()
bluF.show()
conF.show()
edgeF.show()
```

11.3.3 简单图像处理示例

本节主要介绍使用 NumPy 和 PIL 库进行简单的图像处理,采用 Python 程序提取图像特征,增加深浅层次变化,使图像轮廓更富立体感、空间感,接近人类手绘效果。

图像是有规律的二维数据,首先,可以用 NumPy 库将图像转化成数组对象,并使用 convert()函数将像素从 RGB 的 3 字节形式转变为单一数值形式,图像从彩色变为带有灰度的黑白色。其次,为了实现手绘风格,即黑白轮廓描绘,读取原图像的明暗变化,即灰度值。从直观视觉感受上定义,图像灰度值显著变化的地方就是梯度,它描述了图像灰度变化的强度。使用梯度计算来提取图像轮廓,NumPy 中提供了直接获取灰度图像梯度的函数 gradient(),传入图像数组即可返回代表 x 和 y 各自方向上梯度变化的二维元组,作为新色彩计算的基础。最后,为了更好地体现立体感,给物体加上一个虚拟光源,根据灰度值大小模拟各部分相对于人视角的远近程度,增加一个 z 方向梯度值,并给 x 和 y 方向梯度值赋权值 depth,使画面显得有"深度"。将光源定义为 3 个参数:方位角 vec_az、俯视角 vec_el 和深度权值 depth,两个角度的设定和单位向量构成基础的柱坐标系,体现物体相对于虚拟光源的位置。dx、dy、dz 是像素点在施加模拟光源后在 x、y、z 方向上明暗度变化的加权向量,clip()函数用于预防溢出,并归一化到区间 0~255。

【例 11-7】 实现图像的手绘风格,效果如图 11-6 所示。

(a) 原图像　　　　　　　　　　　　　　(b) 手绘效果

图 11-6　原图像和手绘效果对比

程序代码如下:

```
import pygame
from pygame.locals import *
from sys import exit
from PIL import Image
import numpy as np
a=np.array(Image.open('D:\py\pic\pic2.jpg').convert('L')).astype('float')\
    depth=10.                          #(0~100)
grad=np.gradient(a)                    #取图像灰度的梯度值
grad_x, grad_y=grad                    #分别取横纵图像梯度值
grad_x=grad_x*depth/100.
```

```
grad_y=grad_y*depth/100.
A=np.sqrt(grad_x**2+grad_y**2+1.)
uni_x=grad_x/A
uni_y=grad_y/A
uni_z=1./A

vec_el=np.pi/2.2                              #光源的俯视角度,弧度值
vec_az=np.pi/4.                               #光源的方位角度,弧度值
dx=np.cos(vec_el)*np.cos(vec_az)              #光源对 x 轴的影响
dy=np.cos(vec_el)*np.sin(vec_az)              #光源对 y 轴的影响
dz=np.sin(vec_el)                             #光源对 z 轴的影响

b=255*(dx*uni_x+dy*uni_y+dz*uni_z)            #光源归一化
b=b.clip(0,255)
im=Image.fromarray(b.astype("uint8"))
im.save("D:/py/pic/result.jpg")
```

11.4 Matplotlib 库

Matplotlib 是一个 Python 2D 绘图库,它可以在各种平台上以各种硬拷贝格式和交互式环境生成具有出版品质的图形。Matplotlib 可用于 Python 脚本、Python 和 IPython shell、Jupyter 笔记本、Web 应用程序服务器,以及 4 个图形用户界面工具包。

Matplotlib 可以让简单的事情变得更简单,让无法实现的事情变得可能实现,只需几行代码即可生成绘图、直方图、功率谱、条形图、错误图、散点图等。

为了实现简单绘图,pyplot 模块提供了类似于 MATLAB 的界面,用于实现各种数据展示图形的绘制。对于高级用户,可以通过面向对象的界面或 MATLAB 库用户熟悉的一组函数完全控制线条样式、字体属性、轴属性等。

pyplot 常用基础图表函数如表 11-6 所示。

表 11-6 pyplot 常用基础图表函数

函 数	说 明
plt.plot(x,y,fmt,**kwargs)	绘制一个坐标图
plt.boxplot(data,notch,position)	绘制一个箱形状图
plt.bar(left,height,width,bottom)	绘制一个条形图
plt.barsh(width,bottom,left,height)	绘制一个横向条形图
plt.polar(theta,r)	绘制极坐标
plt.pie(data,explode)	绘制饼图
plt.psd(x,NFFT=256,pad_to,Fs)	绘制功率谱密度图
plt.specgram(x,NFFR=256,pad_to,F)	绘制谱图
plt.cohere(x,y,NFFT=256,Fs)	绘制 x-y 相关性函数

续表

函　　数	说　　明
plt.scatter(x,y)	绘制散点图,其中,x 和 y 长度相同
plt.step(x,y,where)	绘制步阶图
plt.hist(x,bins,normed)	绘制直方图
plt.contour(x,y,z,N)	绘制等值图
plt.vlines()	绘制垂直图
plt.stem(x,y,linefmt,markerfmt)	绘制柴火图
plt.plot_data()	绘制数据日期

11.4.1　pyplot 中的 plot()函数

pyplot 中 plot()函数的格式如下:

```
plt.plot(x,y,fmt,**kwargs)
```

参数说明如下。

- x：表示 x 轴数标,列表或数组,为可选项。
- y：表示 y 轴数标,列表或数组。
- fmt：控制曲线的格式字符串,为可选项。由颜色字符、风格字符和标记字符组成。颜色字符可由颜色单词首字母或 RGB(♯000000)或灰度值(0-1)构成。
- 风格字符：'-'表示实线,'--'表示破折线,'-.'表示点画线,':'表示虚线,''(空或者空格,单引号里夹单引号)表示无线条等。
- 标记字符：在曲线中的每个数据点的标记方式,'.'表示点,','表示像素(极小点),'o'表示圆心,'*'表示星形,'1'表示下三角形,'2'表示上三角形,'s'表示实心方形,'p' 表示实心五角形等。
- **kwargs：第二组或更多(x,y,fmt)。
- color：控制颜色,例如 color='red'。
- linestyle：线条风格,例如 linestyle='dashed'。
- marker：标记风格,例如 marker='o'。
- markerfececolor：标记颜色,例如 markerfacecolor='blue'。
- markersize：标记尺寸,例如 markersize=20。

注意：当绘制多条曲线时,各条曲线的 x 不能省略。当只绘制一条曲线,可省略 x 轴数据,y 轴数据索引值可作为 x 轴,进而将图形绘制出来。

11.4.2　pyplot 的中文显示方法

pyplot 的中文显示方法主要有两种。

(1) pyplot 不默认支持中文显示,需要由 pyplot.rcParams 属性修改字体实现。rcParams 的常用属性如下。
- font.family:用于显示字体的名字。
- SimHei:中文黑体。
- Kaiti:中文楷体。
- LiSu:中文隶书。
- FangSong:中文仿宋。
- YouYuan:中文幼圆。
- STsong:华文宋体等。
- font.style:字体风格,正常是 normal 或斜体 italic。
- font.size:字体大小,整数字号或者 large、x-small。

(2) 在有中文输出的地方增加一个属 fontproperties。例如:

```
plt.xlabel('x轴标签',fontproperties='SimHei',fontsize=20)
```

表示此处字体为黑体,大小为 20 磅。

11.4.3 pyplot 的文本显示

(1) plt.xlabel(s,**args):对 x 轴增加文本标签。
(2) plt.ylabel(s,**args):对 y 轴增加文本标签。
(3) plt.title(s,**args):对图形整体增加文本标签。

以上 3 个参数中,s 在图表中相应位置增加文本标签,其他的参数可以是字体、字号、颜色等,具体可自行查阅文档。

(4) plt.text(x,y,s,fontsize,**args):在任意位置增加文本。x,y 表示文本位置,s 表示文本内容和其他属性。

(5) plt.annotate(s,xy=arrow_crd,xytext=text_crd,arrowprops=dict):在图形中增加带箭头的注释。s 表示注释内容;xy 是一个坐标元组,表示箭头的位置;xytext 是一个坐标元组,表示注解文本的位置;arrowprops 表示字典类型,定义了箭头的一些属性。

11.4.4 pyplot 的自绘图区域

1. plt.subplot2grid(GridSpec,CurSpec,colspan=1,rowspan=1)

设定网络,选中网络,确定选中行列区域数量,编号从 0 开始。
参数说明如下。
- GridSpec:一个二元元组(x,y),将绘图区域分成 x 行 y 列。
- CurSpec:一个二元元组(m,n),选中第 m 行、第 n 列网格作为当前绘图区域。
- colspan=p,rowspan=q:类似于 HTML 中的 <table> 标签,合并第 n 列的第 $n+p-1$ 列,合并第 q 行到第 $q+m-1$ 行。

2. plt.subplot()=subplot(nrows,ncols,index,**kwargs)

ncows、ncols、index 表示将绘图区分成 nrows 行 ncols 列,当前绘图区处于第 index 个网格,index 从 1 开始。

11.4.5 figure()函数

figure()函数能够创建一个用来显示图形输出的窗口对象。每一个窗口对象都有一些属性,如窗口的尺寸、位置等。函数格式如下:

```
matplotlib.pyplot.figure(num=None, figsize=None, dpi=None, facecolor=\
    None, edgecolor=None, frameon=True, FigureClass=<class 'matplotlib.\
    figure.Figure'>, clear=False, **kwargs)
```

参数说明如下。

(1) num:整型或者字符串,可选参数,为窗口的身份标识 id,默认为 None。如果不提供该参数,则创建窗口的时候该参数会自增,该窗口会以该 num 为身份标识 id,并将窗口标题设置为该图的 num。若带有该 id 的画布是已经存在的,激活该画布并返回该画布的引用。否则,创建并返回画布实例。

(2) figsize:整型元组,可选参数,默认是 None。提供整数元组则会以该元组为长宽,默认为 figure.figsize。例如(4,4)即以长和宽均为 4in(1in≈25.4mm)的大小创建一个窗口。

(3) dpi:整型,可选参数。表示该窗口的分辨率,默认为 figure.dpi。

(4) facecolor:可选参数,表示窗口的背景颜色,默认为 figure.facecolor。其中颜色是通过 RGB 设置,范围是♯000000~♯FFFFFF,其中每 2 字节(16 位)表示 RGB 的 0~255,例如♯FF0000 表示 R=255、G=0、B=0,即红色。

(5) edgecolor:可选参数,表示窗口的边框颜色,默认为 figure.edgecolor。

(6) frameon:布尔类型,可选参数,表示是否绘制窗口的图框,默认为 True。

(7) figureclass:源于 matplotlib.figure.Figure 的类。

(8) clear:布尔类型,可选参数,默认为 False。若该参数为 True 且 figure 已经存在,则该窗口内容会被清除。

【例 11-8】 使用 figure()函数创建图形窗口,其简单应用如图 11-7 所示。

程序代码如下:

```
import numpy as np
import matplotlib.pyplot as plt
x=np.linspace(-1,1,50)
#figure 1 展示 y1=2*x+1 图形效果
y1=2*x+1
plt.figure()
plt.plot(x, y1)
#figure 2 展示 y2=x2 图形效果
y2=x**2
```

```
plt.figure()
plt.plot(x, y2)
#figure 3 指定 figure 的编号和窗口大小,线的颜色、宽度和类型,同时展示 y1=2 * x+1 和\
    y2=x2 的图形效果
plt.figure(num=5, figsize=(5, 4))
plt.plot(x, y1)
plt.plot(x, y2, color='red', linewidth=1.0, linestyle='--')
plt.show()
```

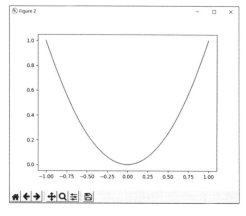

(a) Figure 1　　　　　　　　　　　　(b) Figure 2

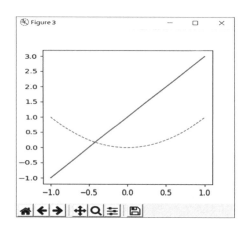

(c) Figure 3

图 11-7　figure()函数的简单应用

11.5　request

11.5.1　概述

requests 库是一个便捷地处理 HTTP 请求的第三方库,它的最大优点是程序编写过程更接近正常 URL 访问过程。这个库建立在 Python 语言的 urllib3 库的基础上，实现了再封装功能。

requests 库支持非常丰富的链接访问功能，包括国际域名和 URL 获取、HTTP、长连接和连接缓存、HTTP 会话和 Cookie 保持、浏览器使用风格的 SSL 验证、基本的摘要认证、有效的键值对 Cookie 记录、自动解压缩、自动内容解码、文件分块上传、HTTP(S)代理功能、连接超时处理、流数据下载等。

11.5.2 requests 库解析

网络爬虫和信息提交只是 requests 库能支持的基本功能，本节重点介绍与这两个功能相关的一些常用函数。其中，与网页请求相关的函数如下：

- get(url [, timeout=n])：对应于 HTTP 的 get()方式，是获取网页最常用的方法，可以增加 timeout=n 参数，设定每次请求超时时间为 n 秒。
- post(url, data={'key': 'value'})：对应于 HTTP 的 post()方式，其中字典用于传递客户数据。
- delete(url)：对应于 HTTP 的 delete()方式。
- head(url)：对应于 HTTP 的 head()方式。
- options(url)：对应于 HTTP 的 options()方式。
- put(url, data={'key':'value'})：对应于 HTTP 的 put()方式，其中字典用于传递客户数据。

get()是获取网页最常见的方式，在调用 requests.get()函数后，返回的网页内容会保存为一个 Response 对象，其中，get()函数的参数 url 链接必须采用 HTTP 或 HTPPS 方式访问。例如：

```
>>> import requests
>>> r=requests.get('http://bigwhiterabbit.top/')  #使用get()方式打开测试主页
>>> type(r)
<class 'requests.models.Response'>                #返回Response对象
```

和浏览器的交互过程一样，requests.get()代表请求过程，它返回的 Requests 对象代表响应。返回内容作为一个对象更便于操作，Requests 对象的属性如下，需要用<a>.<b>形式。

- status_code：HTTP 请求的返回状态，整数，200 表示连接成功，404 表示失败。
- text：HTTP 响应内容的字符串形式，即 URL 对应的页面内容。
- encoding：HTTP 响应内容的编码方式。
- content：HTTP 响应内容的二进制形式。

在 requests.get()发出 HTTP 请求后，需要利用 status_code 属性判断返回的状态，这样在处理数据之前就可以知道状态是否正常，如果请求未被响应，需要终止处理。text 属性是请求的页面内容，以字符串形式展示，网页内容越多，字符串越长。encoding 属性则给出了返回页面内容的编码方式，可以通过对 encoding 属性重新赋值方式，以便于显示中文字符。例如：

```
>>> r=requests.get('http://bigwhiterabbit.top/')
>>> r.ststus_code              #返回状态
200(连接成功)
>>> r.text(输出的中文是乱码,略)
>>> r.encoding                 #默认的编码方式是 ISO 8859-1,所以中文是乱码
'ISO-8859-1'
>>> r.encoding='utf-8'         #更改编码方式为 utf-8
>>> r.text(输出正确的中文,略)
```

11.6　应用实例

大数据时代，数据分析人才炙手可热，成为大数据时代企业争抢的焦点。本节以本章介绍的 5 个常用的 Python 第三方库为基础，介绍一些应用实例，使大家对数据分析的基本方法有定性的认识。

【例 11-9】　根据坐标点绘制柱形图，如图 11-8 所示。

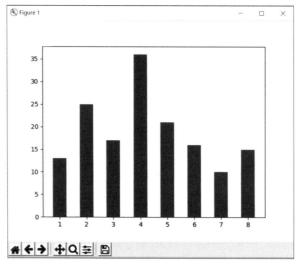

图 11-8　例 11-9 运行结果

程序代码如下：

```
import numpy as np
import matplotlib.pyplot as plt
x=np.array([1,2,3,4,5,6,7,8])
y=np.array([13,25,17,36,21,16,10,15])
plt.bar(x,y,0.5,alpha=1,color='b')
plt.show()
```

【例 11-10】 根据 NumPy 数组绘制折线图,如图 11-9 所示。

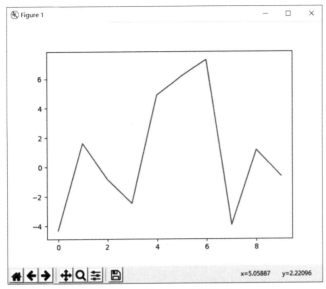

图 11-9 例 11-10 运行结果

程序代码如下:

```
import numpy as np
import matplotlib.pyplot as plt
x=np.arange(10)
y=np.random.normal(1,5,10)
plt.figure()
plt.plot(x,y)
plt.show()
```

【例 11-11】 根据函数图像绘制图表,如图 11-10 和图 11-11 所示。

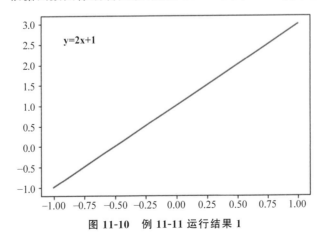

图 11-10 例 11-11 运行结果 1

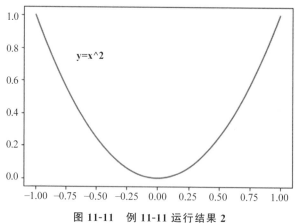

图 11-11　例 11-11 运行结果 2

程序代码如下:

```
import matplotlib.pyplot as plt
import numpy as np
#-1~1 等间隔采 66 个数,即所画出来的图形是 66 个点连接得来的
#注意:如果点数过少的话会导致画出来的二次函数图像不平滑
x=np.linspace(-1,1,66)
#绘制 y=2x+1 函数的图像
y=2 * x+1
plt.plot(x,y)
plt.show()
#绘制 x^2 函数的图像
y=x**2
plt.plot(x,y)
plt.show()
```

(1) 设置坐标轴,如图 11-12 所示。

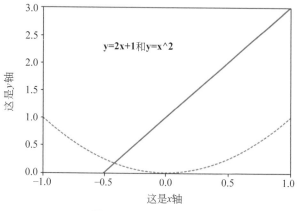

图 11-12　设置坐标轴

程序代码如下:

```python
#-*-coding:utf-8-*-"""
#设置坐标轴
import matplotlib.pyplot as plt
import numpy as np
#绘制普通图像
x=np.linspace(-1,1,50)
y1=2*x+1
y2=x**2
plt.figure()
plt.plot(x,y1)
plt.plot(x,y2,color='red',linewidth=1.0,linestyle='--')
#设置坐标轴的取值范围
plt.xlim((-1,1))
plt.ylim((0,3))
#设置坐标轴的label            #标签字体
plt.xlabel(u'这是X轴',fontproperties='SimHei',fontsize=14)
plt.ylabel(u'这是Y轴',fontproperties='SimHei',fontsize=14)
#设置X坐标轴刻度,之前为0.25,修改后为0.5
plt.xticks(np.linspace(-1,1,5))
plt.show()
```

(2) 设置 legend 图例,如图 11-13 所示。

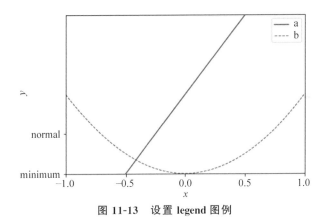

图 11-13　设置 legend 图例

程序代码如下:

```python
#-*-coding:utf-8-*-"""
#设置坐标轴
import matplotlib.pyplot as plt
import numpy as np

#绘制普通图像
x=np.linspace(-1,1,50)
```

```
y1=2 * x+1
y2=x**2
plt.figure()
plt.plot(x,y1)
plt.plot(x,y2,color='red',linewidth=1.0,linestyle='--')

#设置坐标轴的取值范围
plt.xlim((-1,1))
plt.ylim((0,2))

plt.xlabel("X")
plt.ylabel("Y")

new_ticks=np.linspace(-1,1,5)
plt.xticks(new_ticks)
plt.yticks([0,0.5],[r'$ minimum$ ',r'$ normal$ '])

l1,=plt.plot(x, y1, color='blue',label='a')
l2,=plt.plot(x, y2, color='red', linewidth=1.0, linestyle='--', label='b')\
    plt.legend(loc='upper right')

plt.show()
```

【例 11-12】 爬取测试网站"http://bigwhiterabbit.top/"内的 PNG 格式文件。
程序代码如下：

```
import requests
url="http://bigwhiterabbit.top"
r=requests.get(url)
r.encoding='utf-8'
s=r.text
n=len(s)                            #计算总长度
png_n=s.count('.png')               #计算 png 图片的数量
index=0                             #查找起点
start=0
for i in range(0,png_n):
    index=s.index('.png',index,n-1)  #定位
    #向前查找文件名称
    file=s[start:index+ 4]
    file_n=len(file)                 #切片后的字符串
    nn=file.rfind('/')
    file=file[nn+1:file_n]
    print(i,file)
    start=index+4
    index=index+4
```

```
        response = requests.get(url+'\png/'+file)    #发起 GET 请求
        if response.status_code == 200:              #确保请求成功(状态码为 200)
            with open(file, "wb") as file:           #打开本地文件进行写入操作
                for chunk in response.iter_content(chunk_size=1024):
                                                     #分块处理大文件
                    if chunk:                        #判断是否有新的数据到达
                        file.write(chunk)            #将数据写入文件中
                    else:
                        print("请求失败!错误码: %d" % response.status_code)
```

运行结果如下:

下载的 PNG 格式文件被保存在当前文件夹下(略)

【例 11-13】 基于 requests 库的简单 API 接口设计——素数的确定。

背景知识:基于网络的 API(应用程序编程接口)可实现网络与应用程序、网络浏览器和数据库之间的通信。对于 API 开发者而言,只需考虑后台软件的功能,其安全性和保密性较好;对于用户而言,可以更好地进行前端处理,而不需要花费大量时间、大量精力书写底层代码,简化了软件开发流程。

程序代码如下:

```
import requests
url="http://bigwhiterabbit.top/api/api_1.php?"   #换为目标文件的 URL
x=input('请输入整数:')
url=url+'data='+x
r=requests.get(url)                              #带参数访问网站,同时获取返回值
r.encoding='utf-8'
if (r.status_code==200):
    qq=r.text.rstrip('</body>\r\n</html>')       #切片处理
    print(x+qq[137:139]+'素数')
else:
    print('网络故障')
```

运行结果如下:

请输入整数: 23(输入数据)
23 是素数(返回的结果)

习题 11

扫码答题

1. 简述 Python 标准库与第三方库的异同点。
2. 简述 Python 第三方库的安装方法。
3. pygame 库的主要功能是什么?

4. 利用pygame库中的相关函数绘制一个正方形。
5. NumPy库的主要功能是什么？
6. 利用NumPy相关函数将两个3×3的二维数组进行加、减、乘、除运算。
7. 如何将彩色图片转换成灰度图片？
8. NumPy的ndarray类型表示的彩色图像是几维的？
9. Matplotlib库的主要功能是什么？
10. 利用Matplotlib库的相关函数绘制折线图。
11. 爬取测试网站http://bigwhiterabbit.top/内MP3的格式文件。

附录 A Python 关键字详解

关键字	说　　明
False	布尔类型的值，表示假
class	定义类的关键字
finally	置于异常处理的程序中，程序始终要执行 finally 里面的程序代码块
id	通过 id 来判断两个对象是否是同一个对象
return	用来从一个函数返回，即跳出函数，或从函数返回一个值
None	一个特殊的常量，既不是 0，也不是空字符串
continue	跳过当前循环体中的剩余语句，然后继续下一轮循环
for	for…in 是一个循环语句，它在一个序列的对象上递归，即逐一使用序列中的每个项目
lambda	定义匿名函数的关键字
try	使用 try…except 语句处理异常，把通常的语句放在 try 块中，错误处理语句放在 except 块中
True	布尔类型的值，表示真
def	定义函数的关键字
from	通过 from 模块名 import * 导入模块
nonlacal	用来在函数或其他作用域中使用外层（非全局）变量
while	允许重复执行一块语句，while 语句有一个可选的 else 从句
and	逻辑与
del	用于列表操作，删除一个或者连续几个元素
global	定义全局变量
not	逻辑非
with	用于简化 try…finally 语句，实现一个类的_enter_()和_exit_()方法
as	与 with 配合使用
elif	与 if 配合使用

续表

关键字	说　　明
if	if 语句用来检验一个条件
or	逻辑或
yield	作用类似 return，要求函数返回一个生成器
asset	断言，用来在程序运行过程中检查程序的正确性
else	与 if 配合使用，但 else 语句不是必需的
import	通过 import 模块名导入模块
pass	什么也不做
break	用来终止循环语句的执行，一旦通过 break 跳出循环，任何对应循环的 else 语句块将不被执行
except	使用 try 和 except 语句来捕获异常
in	for…in 是一个循环语句，它在一个序列的对象上递归，即逐一使用序列中的每个项目
raise	用于抛出异常

附录 B Python 运算符

运　算　符		说　　明
算术运算符	+	两个对象相加
	-	两个对象相减
	*	两个数相乘或返回一个重复若干次的序列
	/	两个数相除
	//	整除,返回商的整数部分
	%	求余(取模),返回除法的余数
	**	求幂
赋值运算符	=	简单赋值运算符
	+=	加法赋值运算符
	-=	减法赋值运算符
	*=	乘法赋值运算符
	/=	除法赋值运算符
	//=	取整除赋值运算符
	%=	取模赋值运算符
	**=	幂赋值运算符
比较运算符	<	严格小于
	<=	小于或等于
	>	严格大于
	>=	大于或等于
	==	等于
	!=	不等于
	is	判断两个标识符是否引用同一个对象
	is not	判断两个标识符是否引用自不同对象

续表

运算符		说明
逻辑运算符	or	逻辑或,当一个运算对象为 True 时,结果为 True;只有运算对象都为 False 时,结果才为 False
	and	逻辑与,当一个运算对象为 False 时,结果为 False;只有运算对象都为 True 时,结果才为 True
	not	逻辑非,当运算对象为 True 时,结果为 False;当运算对象为 False 时,结果为 True
位运算符	&	按位与,如果对应的二进制位都为 1,则该位为 1,否则为 0
	|	按位或,只要对应的二进制位有一个为 1,则该位为 1,否则为 0
	^	按位异或,对应的二进制位不同时,则该位为 1,否则为 0
	~	按位取反,对每个二进制位取反,即把 1 变为 0,把 0 变 1
	<<	左移,将各位左移若干位,高位丢弃,低位补 0,正负号不变
	>>	右移,将各位右移若干位,低位丢弃,高位补 0,正负号不变

附录 C Python 内置函数

类型	内置函数	功　　能	使 用 示 例
数学函数	abs(x)	返回数字的绝对值	abs($-$3.7)返回 3.7
	max(x)	返回序列中的最大值	max({0,1,2,3,4,5})返回 5
	min(x)	返回序列中的最小值	min({0,1,2,3,4,5})返回 0
	pow(x,y)	返回 x 的 y 次幂	pow(2,4)返回 16
	round(x[,小数位数])	四舍五入获取指定位数的小数，若不指定小数位数，则返回整数	round(3.141592654,2)返回 3.14
	sum(x)	对数值型序列中所有元素求和	sum({0,1,2,3,4,5})返回 15
类型转换函数	bin(x)	返回数字 x 的二进制表示	bin(1000)返回'0b1111101000'
	chr(x)	返回 Unicode 编码为 x 的字符	chr(65)返回'A'
	float(x)	把 x 转换为浮点数并返回，x 可以是数值也可以是字符串	float('1')返回 1.0
	hex(x)	把数字 x 转换为十六进制	hex(1000)返回'0x3E8'
	oct(x)	把数字 x 转换为八进制	oct(1000)返回'0o1750'
	int(x[,base])	返回数字 x 的整数部分，或将字符串 x 转换为数值，base 默认为 10，转换为十进制，但是 base 被赋值后，x 只能是字符串	int(12.6)返回 12 int('123')返回 123 int('11',8)返回 9 int('11',2)返回 3
	list([x])	把对象转换为列表并返回，或生成空列表	list((1,2,3))返回[1,2,3]
	set([x])	把对象转换为集合并返回，或生成空集合	set([1,4,2,4,3,5])返回{1,2,3,4,5}
	tuple([x])	把对象转换为元组并返回，或生成空元组	tuple([1,2,3])返回(1,2,3)

续表

类型	内置函数	功　　能	使用示例
类型转换函数	dict([x])	把对象转换为字典并返回，或生成空字典	dict([('a',1),('b',2),('c',3)])返回{'a':1,'b':2,'c':3}
	ord(c)	返回字符c的Unicode编码	ord('A')返回65
	range([start,]stop[,step])	产生一个等差序列，默认从0开始，不包括终值	list(range(1,10))返回[1,2,3,4,5,6,7,8,9]
	str(object)	把对象转换为字符型	str(10)返回'10'
序列操作函数	all(iterable)	用于判断给定的可迭代参数iterable中的所有元素是否都为True，如果是则返回True，否则返回False	all(['a','b','c'])返回True all([0,1,2])返回False
	any(iterable)	用于判断给定的可迭代参数iterable是否全部为False，如果是则返回False；如果有一个为True，则返回True	any(['a','',''b'])返回True any([0,'',False])返回False
	filter(function,iterable)	用于过滤序列，过滤掉不符合条件的元素，返回由符合条件元素组成的新列表	def oushu(n)： 　　return n%2==0 list_new=list(filter(oushu,[1,2,3,4,5,6,7,8,9,10])) print(list_new) 输出[2,4,6,8,10]
	map(function,iterable,…)	遍历每个元素，执行function操作	list(map(lambda a,b:a-b,[4,5,6,7],[1,2,3]))返回[3,3,3]
	reversed(sequence)	生成一个逆序后的迭代器	list(reversed('abc'))返回['c','b','a']
	sorted(list)	返回排序后的list	a=[5,7,6,3,9,4,1,8,2] b=sorted(a) print(b) 输出[1,2,3,4,5,6,7,8,9]
	zip([iterable,…])	用于将可迭代的对象作为参数，将对象中对应的元素打包成一个个元组，然后返回由这些元组组成的列表	list(zip([1,3,5],[2,4,6]))返回[(1,2),(3,4),(5,6)]

续表

类型	内置函数	功　能	使 用 示 例
对象操作函数	help(object)	返回对象或模块的帮助信息	help(abs)返回指定函数的使用帮助
	dir(x)	返回指定对象或模块的成员列表	dir(2+5j)返回数字类型对象成员 import math dir(math) 返回模块中可用对象
	id(object)	返回对象的标识（地址）	a=100 id(a) 返回 8791504580528
	type(object)	返回对象的类型	type(0)返回<class 'int'>
	len(object)	返回对象（字符串、列表、元组、集合、字典等）包含的元素个数	len([1,2,3,4,5])返回 5
反射操作函数	isalnum(c)	判断字符变量 c 是否为字母或数字，若是则返回 True，否则返回 False	c="*2019*" str.isalnum(c) 返回 False
	isinstance(obj,classinfo)	判断一个对象是否是一个已知的类型	x=10 isinstance(x,int) 返回 True
交互操作函数	input([prompt])	接受一个标准输入数据，返回 string 类型	a=input("please input：")
文件操作函数	open(name[,mode[,buffering]])	以指定模式打开文件并返回文件对象	f=open('student.txt')
编译执行函数	eval(expression[,globals[,locals]])	用来计算字符串中表达式的值并返回	eval('1+2')返回 3

附录 D　常用 Unicode 编码表

名　　称	十六进制编码范围	十进制编码范围
数字	[0x0030,0x0039]	[48,57]
大写字母	[0x0041,0x005a]	[65,90]
小写字母	[0x0061,0x007a]	[97,122]
一般标点符号	[0x2000,0x2061]	[8192,8289]
货币符号	[0x20a0,0x20cf]	[8352,8399]
箭头	[0x2190,0x21ff]	[8592,8703]
数字运算符	[0x2200,0x22ff]	[8704,8959]
封闭式字母数字	[0x2460,0x24ff]	[9312,9471]
制表符	[0x2500,0x257f]	[9472,9599]
方块元素	[0x2580,0x259f]	[9600,9631]
几何图形	[0x25a0,0x25ff]	[9632,9727]
中、日、韩符号	[0x3000,0x303f]	[12288,12351]
中、日、韩括号数字	[0x3200,0x32ff]	[12800,13055]
基础汉字	[0x4e00,0x9fa5]	[19968,40869]

附录E 常用RGB色彩对应表

中文名称	英文名称	RGB十六进制	RGB的[0,255]区间值	RGB的[0,1]区间值
白色	White	#FFFFFF	255,255,255	1,1,1
象牙色	Ivory	#FFFFF0	255,255,240	1,1,0.94
黄色	Yellow	#FFFF00	255,255,0	1,1,0
海贝色	Seashell	#FFF5EE	255,245,238	1,0.96,0.93
橘黄色	Bisque	#FFE4C4	255,228,196	1,0.89,0.77
金色	Gold	#FFD700	255,215,0	1,0.84,0
粉红色	Pink	#FFC0CB	255,192,203	1,0.75,0.80
亮粉红色	LightPink	#FFB6C1	255,182,193	1,0.71,0.76
橙色	Orange	#FFA500	255,165,0	1,0.65,0
珊瑚色	Coral	#FF7F50	255,127,80	1,0.50,0.31
番茄色	Tomato	#FF6347	255,99,71	1,0.39,0.28
洋红色	Magenta	#FF00FF	255,0,255	1,0,1
小麦色	Wheat	#F5DEB3	245,222,179	0.96,0.87,0.70
紫罗兰色	Violet	#EE82EE	238,130,238	0.93,0.51,0.93
银白色	Silver	#C0C0C0	192,192,192	0.75,0.75,0.75
棕色	Brown	#A52A2A	165,42,42	0.65,0.16,0.16
灰色	Gray	#808080	128,128,128	0.50,0.50,0.50
橄榄绿色	Olive	#808000	128,128,0	0.50,0.50,0
紫色	Purple	#800080	128,0,128	0.50,0,0.50
绿宝石色	Turquoise	#40E0D0	64,224,208	0.25,0.88,0.82
海洋绿色	SeaGreen	#2E8B57	46,139,87	0.18,0.55,0.34
青色	Cyan	#00FFFF	0,255,255	0,1,1
纯绿色	Green	#008000	0,128,0	0,0.50,0
纯蓝色	Blue	#0000FF	0,0,255	0,0,1
深蓝色	DarkBlue	#00008B	0,0,139	0,0,0.55
海军蓝色	Navy	#000080	0,0,128	0,0,0.50
纯黑色	Black	#000000	0,0,0	0,0,0

附录 F Python 部分第三方扩展库

功　　能	第三方扩展库	说　　明
可执行文件生成	PyInstaller	能够在 Windows、Linux、macOS 等操作系统下将 Python 源文件(.py 文件)打包，变成可直接运行的可执行文件
中文分词	jieba	能够将一段中文文本分割成中文词语的序列
生成词云	wordcloud	根据文本生成词云
开源数值计算	NumPy	处理数据类型相同的多维数组，存储和处理大型矩阵
数据分析	pandas	基于 NumPy，提供了大量标准数据模型和高效操作大型数据集的工具，为时间序列分析提供了很好的支持
科学计算和工程应用设计	SciPy	在 NumPy 的基础上增加了众多的数学、科学及工程计算中常用的库函数，包括统计、优化、整合、线性代数、傅里叶变换、信号处理、图像处理、常微分方程求解、稀疏矩阵等众多模块
图像处理	PIL	用于图像增强、滤波、几何变换及序列图像处理，支持数十种图像格式，可直接载入图像文件、读取处理过的图像或通过抓取方法的到得图像
制作游戏	pygame	既可以制作游戏，也可以制作多媒体应用程序
数据绘图	Matplotlib	广泛用于科学计算数据的可视化，可以绘制超过 100 种数据的可视化效果
三维可视化	VTK	三维计算机图形学、图像处理和可视化
计算机视觉	OpenCV	可用于人脸识别、物体识别、运动跟踪、机器视觉、运动识别、运动分析等
医学影像处理	ITK	有丰富的图像分割与配准的算法程序
开源数据库连接	MySQLLab	支持开源数据库 MySQL 的支持
处理 PDF 文档	pdfminer	可以从 PDF 文档中提取各类信息

续表

功　　能	第三方扩展库	说　　明
处理 Excel 文档	openpyxl	支持读写、处理 Excel 的.xls、.xlsx、.xlsm、.xltx、.xltm 等文件
处理 Word 文档	python-docx	支持读取、查询及修改.doc、.docx 等文件
生成二维码	MyQR	产生基本二维码、艺术二维码和动态效果二维码
多线程处理	eventlet	使用 green threads 概念,资源开销很少
界面编程	wxPython	其消息机制与 MFC(Microsoft Founclation Classes)相似
系统资源使用信息获取	pstuil	可以跨平台获取和控制系统的进程,读取系统的 CPU 占用、内存占用,以及磁盘、网络、用户信息
机器学习	scikit-learn	在 NumPy、SciPy 和 Matplotlib 3 个模块上编写,是数据挖掘和数据分析的一个简单而有效的工具,其功能包括分类、回归、聚类、降维、模型选择、预处理
处理网页数据	bs4(Beautiful Soup4)	这是一个 HTML/XML 的解析器,主要的功能也是如何解析和提取 HTML/XML 数据,如查找 HTML 标签以及其中的属性和内容
网页获取	requests	支持 HTTP 连接保持和连接池,支持使用 cookie 保持会话,支持文件上传,支持自动确定响应内容的编码
生成二维码	qrcode	可存储的信息量大、容错能力强、译码可靠性高,支持汉字
串口通信	serial	提供了一种简单、灵活的方式与串口设备进行通信,包括发送和接收数据